Abdessalem Jarraya

Optimisation de forme des structures

Abdessalem Jarraya

Optimisation de forme des structures

Non linéarités géométriques et matérielles

Presses Académiques Francophones

Impressum / Mentions légales

Bibliografische Information der Deutschen Nationalbibliothek: Die Deutsche Nationalbibliothek verzeichnet diese Publikation in der Deutschen Nationalbibliografie; detaillierte bibliografische Daten sind im Internet über http://dnb.d-nb.de abrufbar.
Alle in diesem Buch genannten Marken und Produktnamen unterliegen warenzeichen-, marken- oder patentrechtlichem Schutz bzw. sind Warenzeichen oder eingetragene Warenzeichen der jeweiligen Inhaber. Die Wiedergabe von Marken, Produktnamen, Gebrauchsnamen, Handelsnamen, Warenbezeichnungen u.s.w. in diesem Werk berechtigt auch ohne besondere Kennzeichnung nicht zu der Annahme, dass solche Namen im Sinne der Warenzeichen- und Markenschutzgesetzgebung als frei zu betrachten wären und daher von jedermann benutzt werden dürften.

Information bibliographique publiée par la Deutsche Nationalbibliothek: La Deutsche Nationalbibliothek inscrit cette publication à la Deutsche Nationalbibliografie; des données bibliographiques détaillées sont disponibles sur internet à l'adresse http://dnb.d-nb.de.
Toutes marques et noms de produits mentionnés dans ce livre demeurent sous la protection des marques, des marques déposées et des brevets, et sont des marques ou des marques déposées de leurs détenteurs respectifs. L'utilisation des marques, noms de produits, noms communs, noms commerciaux, descriptions de produits, etc, même sans qu'ils soient mentionnés de façon particulière dans ce livre ne signifie en aucune façon que ces noms peuvent être utilisés sans restriction à l'égard de la législation pour la protection des marques et des marques déposées et pourraient donc être utilisés par quiconque.

Coverbild / Photo de couverture: www.ingimage.com

Verlag / Editeur:
Presses Académiques Francophones
ist ein Imprint der / est une marque déposée de
AV Akademikerverlag GmbH & Co. KG
Heinrich-Böcking-Str. 6-8, 66121 Saarbrücken, Deutschland / Allemagne
Email: info@presses-academiques.com

Herstellung: siehe letzte Seite /
Impression: voir la dernière page
ISBN: 978-3-8381-7248-4

Copyright / Droit d'auteur © 2013 AV Akademikerverlag GmbH & Co. KG
Alle Rechte vorbehalten. / Tous droits réservés. Saarbrücken 2013

République Tunisienne
Ministère de l'Enseignement Supérieur,
de la Recherche Scientifique et de la
technologie

Université de Sfax
École Nationale d'Ingénieurs de Sfax

Cycle de Formation Doctorale

dans la Discipline

de Génie Mécanique

OPTIMISATION DE FORME DES STRUCTURES EN PRESENCE DE NON LINEARITES GEOMETRIQUES ET MATERIELLES

Préparé à

l'École Nationale d'Ingénieurs de Sfax

Par
Abdessalem JARRAYA

Docteur en Génie Mécanique

Membre de l'Unité de Mécanique, Modélisation et Productique (U2MP)

Ecole Nationale d'Ingénieurs de Sfax
Unité de Mécanique, Modélisation et Productique
BP. W. 3038 Tunisie

Tables des matières

NOTATION

v	Vecteur des variables d'optimisation
v_{il}	Borne inférieure de la $i^{éme}$ variable d'optimisation
v_{iu}	Borne supérieure de la $i^{éme}$ variable d'optimisation
n	Nombre de variable d'optimisation
m	Nombre de limitation d'égalité
p	Nombre de limitation d'inégalité
$f(v)$	Fonction objectif
$h_j(v)$	$j^{iéme}$ limitation d'égalité
$g_k(v)$	k^{eme} limitation d'inégalité
$A(v)$	Hessien de $f(v)$
$\nabla f(v)$	Vecteur gradient de $f(v)$
d_i	Vecteur direction de descente à l'itération i
α_i	Pas de déplacement suivant la direction de descente à l'itération i
$B_i(v)$	Matrice approximation du hessien de $f(v)$ à l'itération i
$L(v,\lambda,\mu)$	Lagrangien de $f(v)$
λ, μ	Multiplicateur de Lagrange
$\varnothing(v,\eta)$	Fonction mérite
w	Vecteur des variables transformées
A_1	Matrice constante de transformation des variables
G_{int}	Travail virtuel interne global
G_{ext}	Travail virtuel externe global

E	Module Young
ν	Coefficient de poisson
$\boldsymbol{H}$	Matrice loi de comportement
$\boldsymbol{x}$	Vecteur position d'un point matériel dans la configuration finale
$\boldsymbol{X}$	Vecteur position d'un point matériel dans la configuration initiale
$\boldsymbol{F}$	Tenseur gradient des déformations
$\boldsymbol{C}$	Tenseur de Cauchy-Green droit
$\boldsymbol{b}$	Tenseur de Cauchy-Green gauche
$\boldsymbol{K}_T$	Matrice tangente globale
$\boldsymbol{F}_{int}$	Vecteurs des forces internes globales
$\boldsymbol{F}_{ext}$	Vecteurs des forces externes globales
$\boldsymbol{R}$	Vecteur résidu global
$\boldsymbol{\varepsilon}$	Vecteur des déformations de Green-Lagrange
$\boldsymbol{\sigma}$	Tenseur des contraintes
$\boldsymbol{U}_n$	Vecteurs des déplacements global
$\boldsymbol{u}_n$	Vecteur des déplacements élémentaire

Introduction générale

1. Introduction

L'optimisation est définie comme étant le processus avec lequel la solution optimale d'un problème, ou « l'optimum » peut être trouvé. Le mot « optimum » tient ses origines du mot Latin « optimus », qui veut dire « meilleur » donc d'un point de vue technique l'optimisation est le nom formel donné à la branche des mathématiques appliquées en utilisant les « meilleurs » moyens pour les problèmes dont la réponse peut être exprimée numériquement.

L'optimisation joue un rôle important dans la vie moderne. Par exemple les compagnies aériennes programment leurs équipages et flottes afin de minimiser les coûts. Les investisseurs cherchent des projets qui, en leur permettant d'éviter de grands risques, augmentent beaucoup les recettes. Les fabricants conçoivent, produisent et gèrent les procédés de fabrication pour maximiser leur efficacité. Dans la nature, on cherche toujours à optimiser l'état du minimum d'énergie des systèmes physiques. Les molécules dans un système chimique isolé réagissent entre elles jusqu'à ce que l'énergie potentielle totale de leurs électrons soit minimisée. Les rayons de la lumière suivent des chemins qui minimisent leurs temps de parcours.

L'optimisation est un outil important en sciences appliquées et pour l'analyse des systèmes physiques. Pour utiliser cet outil, on doit d'abord identifier quelques objectifs à savoir la mesure quantitative de la performance du système à étudier. Cet objectif peut être le profit, le temps, l'énergie potentielle, ou n'importe quelle quantité ou combinaison de quantités qui peut être représentée avec une valeur algébrique. L'objectif dépend de quelques caractéristiques du système, appelées variables ou inconnues. Notre but est de déterminer les valeurs des variables qui optimisent l'objectif.

Souvent, les valeurs des variables sont limitées ou contraintes d'une certaine façon. Par exemple, les quantités tels que la densité d'électrons dans une molécule ou le taux d'intérêt sur un prêt ne peuvent pas être négatifs.

Le processus qui permet l'identification des objectifs, des variables et des limitations pour des problèmes donnés est appelé modélisation. La construction d'un modèle approprié est le premier pas, souvent le pas le plus important dans le processus d'optimisation. Si le modèle est très simplifié, il ne pourra pas représenter le problème pratique, mais s'il est très complexe il deviendra très difficile à résoudre. La connaissance et l'intuition du modélisateur sont importantes aussi bien dans la formulation d'un modèle avec un degré approprié de complexité que dans l'interprétation des résultats du processus d'optimisation. Dès que le modèle a été formulé, un algorithme d'optimisation peut être utilisé pour la résolution du problème.

Souvent, l'algorithme et le modèle sont tellement compliqués qu'un ordinateur est nécessaire pour l'implantation du processus. Il n'existe pas un algorithme d'optimisation universel. Il existe plutôt beaucoup d'algorithmes adaptés à des types particuliers de problèmes d'optimisation. Il est alors laissé à la responsabilité de l'utilisateur le choix d'un algorithme qui soit approprié pour son application. Ce choix est fondamental, il peut déterminer le succès ou l'échec dans la recherche de la solution optimale et peut aussi influencer beaucoup le temps de calcul nécessaire à l'estimation de la solution.

Bien sûr, depuis ce temps, il y a plusieurs publications dans le domaine d'optimisation des structures. La science a progressé, permettant à l'homme de toujours mieux comprendre et procéder efficacement à la résolution des problèmes d'optimisation, particulièrement en mécanique des structures, domaine qui nous concerne.

L'avènement des ordinateurs a accru l'intérêt des chercheurs, leur permettant, en utilisant les algorithmes à base de programmation mathématique, d'aborder et de résoudre des problèmes d'optimisation qui ont trait à toutes les disciplines.

Dans le domaine du calcul des structures, la progression des performances des moyens de calcul a permis de coupler les méthodes de programmation mathématique et les méthodes d'éléments finis ou d'équations intégrales, pour résoudre des problèmes d'optimisation à caractère industriel toujours plus complexes.

Ce domaine de recherche est en pleine expansion pour améliorer la qualité et la fiabilité des structures et des pièces mécaniques, pour réduire les délais de conception et de fabrication dans un contexte de concurrence industrielle très exigeante

2. Objectifs

Le thème général de cette thèse est l'optimisation de forme des structures en présence de non linéarités géométriques et matérielles.
Les objectifs généraux de notre travail concernent. Premièrement la prise en compte des non linéarités géométriques et matérielles dans les problèmes traités. Deuxièmement le développement d'une nouvelle méthode de calcul de la sensibilité de la fonction objectif et ses limitations par rapport aux coordonnées des variables d'optimisation. Troisièmement la diversité des possibilités d'applications d'optimisation dans le domaine des structures à comportement élastiques ou hyperélastiques (Problèmes de poutres, solides de forme quelconques, déformations planes, contraintes planes et axisymétriques en bi et tridimensionnelle) en combinant la puissance de la méthode des éléments finis et la méthode de métrique variable (méthode de programmation Quadratique Séquentielle).
Le travail réalisé satisfait certains critères (à notre connaissance)

- Optimisation de forme des structures solides en présence des non linéarités géométriques et matérielles dans les différents cas (déformations planes, contraintes planes, cas axisymétrique en bi et tridimensionnelle).

- Le remaillage automatique à chaque itération au cours des cycles d'optimisation.
- Développement d'une nouvelle méthode de calcul exact de la sensibilité par rapport aux coordonnées des points de contrôles en présence des non linéarités géométriques et matérielles.

3. Plan de la thèse

L'introduction générale vise tout d'abord à situer la thèse dans son contexte historique et scientifique. Les points développés sont les suivants, nous commençons par un rappel historique puis nous présenterons l'objectif de notre travail et enfin nous annonçons le plan de rédaction de la thèse.

Dans le premier chapitre, nous dressons un bilan des méthodes et algorithmes mathématiques (suivant leur évolution) nécessaire à la résolution d'un problème d'optimisation. Les points suivants y sont développés : en premier lieu une classification des différentes méthodes d'optimisation, en deuxième lieu les conditions d'optimalités ensuite les méthodes de programmation mathématiques et en fin la normalisation de la fonction objectif.

Le deuxième chapitre, concerne les procédures permettant l'application de l'optimisation de forme en mécanique des structures. Nous commençons d'abord par citer les différentes classes d'optimisation de forme. Ensuite nous présentons un résumé bibliographique concernant les travaux effectués ces dernières décennies en optimisation de forme de structures en distinguant les deux cas : avec et sans prise en compte des non linéarités géométriques et/ou matérielles dans l'analyse du problème mécanique. On termine ce chapitre par une application numérique concernant l'optimisation de forme d'une structure formée d'élément poutres.

Dans le troisième chapitre, nous s'intéressons à la modélisation par éléments finis employée dans le comportement des matériaux. Nous commençons par la méthode qui nous permet de déterminer la déformation, en suite, nous avons choisi un matériau à comportement hyperélastique. L'étape suivante était la formulation d'éléments finis dans le cas général en utilisant la description spatiale ou la description matérielle.

Dans le quatrième chapitre, nous présentons une analyse bibliographique sur les différentes méthodes de calcul de sensibilité ainsi le développement de la nouvelle méthode du calcul exact du jacobien. Nous avons présenté les différentes classes d'optimisation de forme par la suite nous avons réalisé une analyse bibliographique du calcul de la sensibilité et enfin nous avons développé la nouvelle méthode de calcul du gradient de la fonction objectif et ses limitations par rapport aux coordonnées des points de contrôles. Dans les trois premières applications numériques réalisées, seulement la non linéarité géométrique est prise en compte. Dans les deux autres applications nous avons tenu compte du non linéarité géométrique et matérielle.

Dans le cinquième chapitre nous avons développé l'optimisation de forme des structures hyperélastiques dans le cas des éléments axisymétriques. L'utilisation d'un maillage régulier pour le premier exemple avec un élément CAX4 et un maillage automatique CAX3 pour le deuxième exemple. Le calcul exact du gradient de la fonction objectif et ses limitations dans le cas axisymétrique seront détaillés.

Le dernier chapitre présente les conclusions obtenues et les perspectives envisagées.

Vous trouverez à la suite les notions de bases et les aspects mathématiques relatifs à l'optimisation de forme qui inaugurent le premier chapitre de ma thèse.

Chapitre 1

Notions de bases et aspects mathématiques

Sommaire

Notions de bases et aspects mathématiques

1.1 Introduction

La programmation mathématique, qui se propose pour objet l'étude théorique des problèmes d'optimisation ainsi que la conception et la mise en ouvre des algorithmes de résolution sur calculateur, constitue aujourd'hui une branche particulièrement active des mathématiques appliquées et de l'information scientifique. L'une des raisons essentielles en est sans conteste le nombre et l'importance de ses applications dans les sciences de l'ingénieur.

On fait appel de plus en plus, dans le domaine du calcul des structures, à l'optimisation. Les exigences techniques auxquelles sont soumises les pièces mécaniques soulèvent des problèmes que l'optimisation peut résoudre.

On utilise cette technique pour minimiser des fonctions objectifs tels que le poids de la structures, les déplacements, les chargements critiques, les fréquences propres de vibration, sous des limitations relatives aux flèches maximales et des contraintes technologiques.

Les variables d'optimisation peuvent être les coordonnées des nœuds du maillage ou les coordonnées des points de contrôle.

Dans cette section, nous allons présenter les différentes méthodes d'optimisation avec et sans contrainte. Quelques algorithmes d'optimisation seront détaillés. Toutes les équations présentées dans ce chapitre sont d'après les références [1] et [34]

1.2 Définitions du problème d'optimisation

Un problème d'optimisation peut être formulé de la façon suivante : trouver la combinaison de paramètres qui optimisent une quantité donnée, pouvant être soumise à quelques limitations. La quantité à optimiser est appelée fonction objectif, les paramètres utilisés pour chercher l'optimum sont appelés variables d'optimisation, les restrictions sur les valeurs des paramètres sont connues sous le nom de limitations.

Ainsi, un problème général d'optimisation peut être formulé de la manière suivante:

$$Min f(v) \tag{1.1}$$

$$v \in \square^n$$

Avec les limitations :

$$
\begin{aligned}
&h_j(v)=0 \qquad j=1,\ldots\ldots\ldots,m \\
&g_k(v) \leq 0 \qquad k=1,\ldots\ldots\ldots,p \\
&v_{il} \leq v_i \leq v_{iu} \qquad i=1,2,\ldots\ldots\ldots,n
\end{aligned}
\tag{1.2}
$$

Où $f(v_i)$ est la fonction objectif, v_i est le vecteur des n variables indépendante, $h_j(v)$ sont les m limitations d'égalité et $g_k(v)$ sont les p limitations d'inégalité. v_{il} et v_{iu} sont respectivement les deux limitations géométriques inférieures et supérieures pour la variable d'optimisation v_i.

1.3 Classifications des problèmes d'optimisation

Il existe beaucoup d'algorithmes d'optimisation dans différentes applications scientifiques. Cependant beaucoup de méthodes ne sont valables que pour certains types de problèmes. Ainsi, il est important de bien connaître les caractéristiques du problème posé, afin d'identifier la technique appropriée pour sa résolution. Les problèmes d'optimisation sont classés en fonction des caractéristiques mathématiques de la fonction objectif, des limitations et des variables d'optimisation (tableau 1.1). Il existe une classe particulière de problèmes qui concerne notamment le domaine de la recherche opérationnelle, où le but est de trouver la permutation optimale des variables d'optimisation (tableau 1.1). Ces problèmes sont connus sous le nom de problèmes d'optimisation combinatoire.

Caractéristiques	Propriétés	Classification
Nombre de variables	Une seule variable	Mono variable
	Plus qu'une variable	Multi variable
Type de variables	Réelles	Continue
	Entières	Discrètes
	Réelles et entières	Mixte
	Entière avec permutation	Combinatoire
Type de fonction objectif	Linéaire en fonction des variables	Linéaire
	Quadratique en fonction des variables	Quadratique
	Non linéaire en fonction des variables	Non linéaire
Formulation du problème	Soumis à des limitations	Avec contraintes
	Pas de limitations	Sans contraintes

Tableau 1.1: *Classification des problèmes d'optimisation*

Il existe plusieurs classes d'optimisation, dont les plus importantes sont:

1.3.1 Optimisation continue et discrète

Dans certains problèmes d'optimisation, les variables n'ont un sens que si elles sont entières. Le terme optimisation discrète désigne habituellement tous les problèmes dont la solution recherchée est une combinaison d'éléments parmi un ensemble fini d'objets. A la différence de l'optimisation discrète, l'optimisation continue recherche une solution dans un ensemble infini d'objets, tel que l'ensemble des nombres réels par exemple.

1.3.2 Optimisation avec et sans contraintes

Sans doute la distinction la plus importante du point de vue de l'optimisation numérique est celle entre les problèmes avec limitations sur les variables et ceux sans limitations.

Les problèmes d'optimisation sans contraintes sont fréquemment rencontrés dans des domaines pratiques, lorsque les variables sont limitées. Ces problèmes résultent aussi de la reformulation des problèmes avec limitations, où ces dernières sont introduites dans la fonction objectif avec des coefficients de pénalisation.

Les problèmes d'optimisation avec contraintes résultent des formulations qui font introduire explicitement les limitations. Ces limitations peuvent être simplement des bornes géométriques sur les variables ou des inégalités non linéaires.

1.3.3 Optimisation locale et globale

L'optimisation locale consiste en la recherche d'un minimum/maximum local (figure 1.1), c'est à dire un point en lequel la fonction objectif est plus faible/grande qu'en tout autre point dans son voisinage le plus proche. L'avantage avec les algorithmes basés sur l'optimisation locale réside dans leur rapidité, dans la recherche d'une solution optimale ; par contre ils ne trouvent pas toujours le "meilleur" optimum (l'optimum global) (figure 1.1) parmi tous les points optimaux locaux que peut avoir le problème. Dans certaines applications, les minima/maxima globaux sont nécessaires, mais leur recherche est très délicate et même leur simple localisation reste une tâche assez difficile et très liée à la nature physique du problème traité d'où l'intervention intuitive de l'utilisateur.

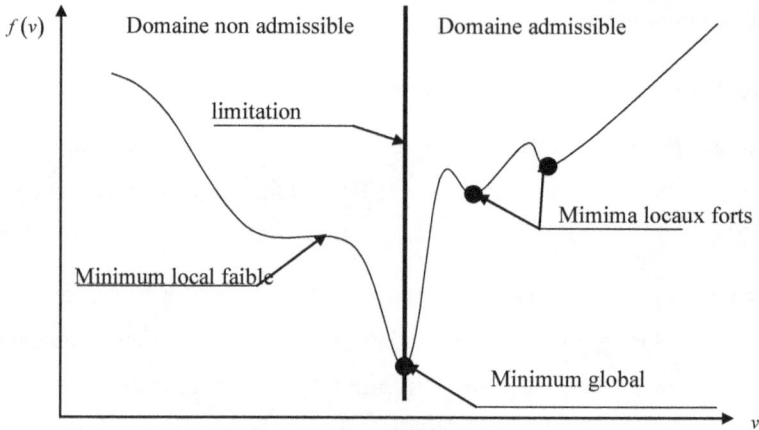

Figure 1.1: *Différents types de minima dans le cas unidimensionnel.*

1.3.4 Optimisation stochastique et déterministe

Il existe dans certains cas, des problèmes d'optimisation où le modèle ne peut pas être complètement défini au préalable, du fait qu'il dépend de paramètres qui sont inconnus au moment de la formulation du problème. Ainsi l'utilisateur est souvent obligé d'estimer ces paramètres inconnus. L'optimisation stochastique utilise ce type de prédiction pour la recherche d'une solution qui optimise les performances du modèle. Au contraire, l'optimisation déterministe repose sur la connaissance complète de tous les paramètres définissant le problème.

1.4 Conditions d'optimalité

Avant de considérer les différents algorithmes d'optimisation, on résume brièvement les conditions qui permettent d'atteindre l'optimum désiré.

La définition d'un optimum global v d'une fonction $f(v_i)$ est:

$$f(v_i) \le f(w) \qquad \forall w \in \varphi(v), w \ne v_i \tag{1.3}$$

Où $\varphi(v)$ est l'ensemble des valeurs admissibles des variables de contrôle v_i (pour un problème sans contraintes $\varphi(v)$ est infini).

Le point v est dit *point stationnaire* de la fonction $f(v_i)$ si

$$\nabla f(v_i) = \mathbf{0} \tag{1.4}$$

Ou $\nabla f(v_i)$ est le gradient de $f(v_i)$. Les composantes du vecteur gradient sont données par :

$$\nabla f(v_i) = \frac{\partial f(v)}{\partial v_i} \tag{1.5}$$

Le point v_i est appelé aussi minimum local fort de $f(v_i)$ si le Hessien $A(v_i)$ est défini positif en v_i c à d :

$$U^T A(v_i) U \geq 0 \qquad \forall U \neq \mathbf{0} \tag{1.6}$$

Le Hessien $A(v_i)$ est la matrice symétrique des dérivées secondes dont les composantes sont :

$$A_{ij}(v) = \frac{\partial^2 f(v)}{\partial v_i \partial v_j} \tag{1.7}$$

Cette condition est la généralisation de la convexité, ou la courbure positive pour les degrés supérieurs.

La figure 1.1, illustre les différents points stationnaires pour une fonction $f(v_i)$. On peut remarquer que la situation pour les problèmes d'optimisation avec contraintes est beaucoup plus complexe. La présence d'une limitation géométrique sous forme d'une simple borne (figure 1.1) sur les valeurs permises pour les variables, fait que le minimum global peut prendre une valeur extrême, un extremum. Il faut noter que certaines méthodes de traitement des limitations, transforment le problème d'optimisation en un autre problème équivalent sans contraintes, mais avec une fonction objectif différente.

1.5 Méthodes de programmation mathématique

Historiquement le nom "programmation mathématique" est apparu officiellement pour la première fois en 1959 dans le titre d'une conférence internationale aux Etats Unis [1]. Mais en réalité la naissance de la programmation mathématique est plutôt due principalement à la découverte de la méthode du simplexe en 1947.

Cette méthode représente l'étude théorique des problèmes d'optimisation en utilisant des algorithmes pour la résolution. Elle englobe principalement toutes les méthodes de programmation linéaire, et non linéaire, de la théorie des réseaux, de la programmation discrète et non convexe, de la programmation dynamique et la théorie de la commande, de l'optimisation non différentiable et récemment de l'optimisation combinatoire, résultat de la fusion de la programmation mathématique avec la théorie des graphes.

La programmation mathématique a débuté par les premières méthodes de programmation linéaire (notamment les travaux de Dantzig en 1949 sur les problèmes théoriques et algorithmiques de fonctions linéaires avec contraintes linéaires). Puis vers 1951, les deux mathématiciens Kuhn et Tucker proposèrent un premier travail fondamental sur la théorie de la programmation non linéaire, permettant l'étude de problèmes d'optimisation non linéaires avec ou sans contraintes. En 1957, Bellman publia un article sur la programmation dynamique pour la résolution des problèmes d'optimisation de systèmes dynamiques. En 1958, Gomory proposa le premier algorithme traitant de la programmation en nombres entiers pour la résolution des problèmes d'optimisation où les variables sont astreintes à ne prendre que des valeurs entières.

De nos jours, la programmation mathématique est une branche très active des mathématiques appliquées, sans doute du fait qu'elle présente beaucoup d'intérêts pour différents domaines dans les sciences de l'ingénieur.

On notera que depuis le début des années soixante, il y a eu un nombre considérable de publications dans ce domaine qu'il serait vain de vouloir recenser et nous nous contenterons de citer celles qui représentent des travaux de programmation linéaire ou non linéaire. On peut donc citer l'ouvrage monumental de Dantzig" Linear programming and extensions" en 1963, le livre de Simonnard " Programmation linéaire" en 1962, ainsi que celui de Hadley " Linear programming" de la même année. En programmation non linéaire, on peut citer le livre "Introduction to linear and nonlinear programming' de Luenberger en 1973 et particulièrement le remarquable ouvrage" Nonlinear programming: a unified approach" par Zangwill en 1969. En programmation en nombres entiers, on peut citer l'ouvrage" Integer programming and network flows" paru en 1969 ainsi que celui de Garfinkel et Nemhauser " Integer programming' paru en 1972.

Dans cette section, on présentera brièvement les méthodes de la programmation mathématiques qui ont d'une certaine façon des liens avec le sujet de la thèse. Il s'agit des méthodes de programmation non linéaire en faisant la distinction entre les problèmes avec et ceux sans contraintes. Un développement particulier est fait pour les méthodes de Programmation Quadratique Séquentielle (SQP), afin de justifier notre choix de l'algorithme d'optimisation adopté pour la résolution de nos problèmes de structures.

1.5.1 Méthodes de minimisation sans contraintes

On rappellera brièvement les techniques de bases utilisées dans les algorithmes déterministes dans la recherche de minima locaux d'une fonction à n variables mais sans limitation sur ces dernières. Il est à noter que la recherche du minimum global nécessite des études plus poussées qui sortent du cadre de la thèse et n'aborderont pas cette partie. On notera qu'il existe une littérature abondante traitant le sujet de minimisation sans contrainte [1-2].

1.5.1.1 Structures de base des méthodes de minimisation locale

La procédure itérative des algorithmes de minimisation sans contraintes se fait comme suit : on choisit un point initial, on définit la direction de descente, ensuite un pas de déplacement approprié est calculé par une technique dite de line-search.

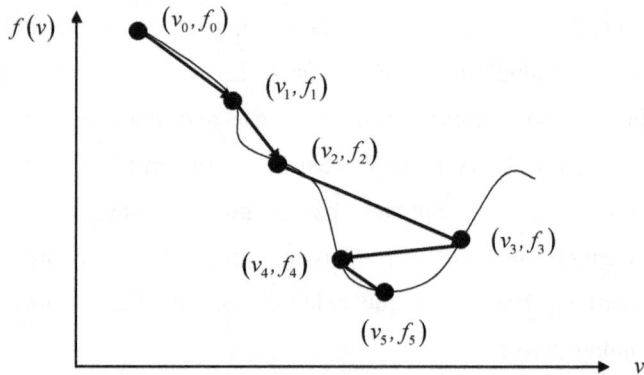

Figure 1.2: *Line-search des algorithmes de minimisation locale.*

Le processus est répété avec le nouveau point trouvé jusqu'à ce qu'un minimum local soit obtenu (figure 1.2). Le schéma algorithmique général de ce type d'algorithmes est le suivant :

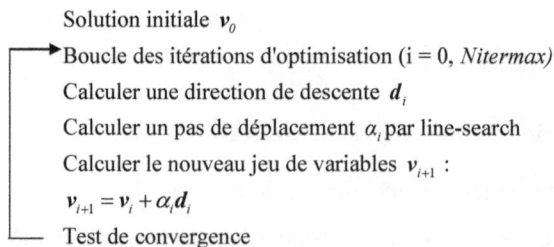

Solution initiale v_0
Boucle des itérations d'optimisation (i = 0, *Nitermax)*
Calculer une direction de descente d_i
Calculer un pas de déplacement α_i par line-search
Calculer le nouveau jeu de variables v_{i+1} :
$$v_{i+1} = v_i + \alpha_i d_i$$
Test de convergence

Figure 1.3: *Algorithme général de minimisation locale.*

Direction de descente : La direction de descente d_i est toujours choisie de façon à permettre une réduction de la fonction objectif f, elle est généralement choisie en respectant à chaque itération i d'optimisation la condition suivante :

$$\nabla^T f(v_i) d_i < 0 \qquad (1.8)$$

Line-search : Le line-search est essentiellement une procédure approximative de minimisation unidimensionnelle, il représente le "coeur" de tout algorithme de descente, c'est aussi une des conditions d'assurance de la convergence globale de ce type d'algorithmes [3-4].

Généralement une interpolation polynomiale est utilisée. La première étape consiste à tester la valeur de $f(v_i + \alpha d_i)$ pour $\alpha = 1$. Le minimum α^* sera encadré en examinant la pente de la courbe $f(v_i + \alpha d_i)$ au point d'essai, ainsi que l'accroissement ou la diminution de la fonction objectif en ce même point. On procède ensuite au calcul explicite du minimum du polynôme d'interpolation choisi, d'où un nouveau point candidat α. Une fois ce nouveau point trouvé, on vérifiera la condition de réduction de la fonction objectif, en utilisant les critères d'Armijo et Goldstein [3]. On vérifiera alors la condition :

$$f(v_i + \alpha d_i) \le f(v_i) + \alpha \nabla^T f(v_i) d_i \qquad (1.9)$$

Et

$$\left| \left(\nabla f(v_i + \alpha d_i) d_i \right)^T \right| \le \beta \left| \left(\nabla f(v_i) \right)^T d_i \right| \qquad (1.10)$$

Avec α et β deux constantes, vérifiant $0 < \alpha < \beta < 1$. L'équation (1.9) représente la limite supérieure de la valeur de α, l'équation [10] impose la limite inférieure du coefficient α. Pratiquement les valeurs utilisées dans les algorithmes sont $\alpha = 10^{-4}$ et $\beta = 0.9$.

Critères de convergence : Le critère test d'optimalité le plus simple utilisé est celui qui fait introduire les gradients

$$\|\nabla f(v_i)\| \le \varepsilon_m (1 + f(v_i)) \qquad (1.11)$$

Avec ε_m est une valeur constante positive, c'est la valeur caractéristique de la précision de l'ordinateur. Pratiquement $\varepsilon_m = 10^{-14}$ en double précision et $\varepsilon_m = 10^{-5}$ en simple précision.

D'autres tests portant sur les valeurs de la fonction objectif uniquement sont valables telle que

$$\left| f\left(v_{i+1}\right) - f\left(v_i\right) \right| < \varepsilon_J \left(1 + f\left(v_i\right) \right) \tag{1.12}$$

Où ε_J est la précision désirée sur la fonction objectif (en général $\varepsilon_J = 10^{-8}$ pour un calcul en double précision). D'autres tests utilisent uniquement des informations sur les variables d'optimisation comme :

$$\left\| v_{i+1} - v_i \right\| < \left(\varepsilon_J \right)^{1/2} \left(1 + \left\| v_i \right\| \right) \tag{1.13}$$

Il existe bien entendu beaucoup d'autres tests de convergence (pour plus de détails voir les références [1-6]).

1.5.1.2 Méthodes du gradient

Parmi les méthodes de gradient les plus utilisées ou au moins celles qui sont incorporées dans des algorithmes d'optimisation courants, on distingue particulièrement la méthode de la plus forte pente "steepest descent" [1,4] et la méthode du gradient conjugué [1-7-8].

Méthode de la plus forte pente : Dans cette méthode, à chaque itération la direction de descente est prise égale à l'opposé du gradient $-\nabla f_i$. En se servant de la condition $\left(\nabla f_i\right)^T d_i < 0$, la manière la plus simple pour choisir d_i est celle qui consiste à prendre $d_i = -\nabla f_i$. Ce choix de la direction de descente représente un maximum de la pente $\left(\nabla f_i\right)^T d_i$ d'où l'appellation de la plus forte pente.

Numériquement cette méthode est très simple à implanter, et n'exige qu'un stockage mémoire très modeste. Son taux de convergence lorsqu'elle est appliquée à une fonction convexe est seulement linéaire. Le principal défaut de la méthode est que la convergence peut être très lente pour certains types de fonctions "vallée étroite et allongée".

Méthode du gradient conjugué : Cette méthode a été proposée à l'origine pour la minimisation de fonctions objectifs quadratiques et convexes, mais suite aux améliorations considérables qui ont été introduites, la méthode a été étendue pour le cas général [1-9-10]. Du point de vue algorithmique, la méthode du gradient conjugué commence comme la méthode de la plus forte pente, mais les directions de descente successives sont construites de façon à ce qu'elles soient mutuellement conjuguées par rapport à la matrice hessienne A pour une fonction objectif quadratique et convexe.

Dans le cas de minimisation d'une fonction quadratique $\frac{1}{2}v^T A v + b^T v + c$, le problème revient à la résolution d'un système linéaire $Av = -b$. Un algorithme type pour cette méthode est décrit dans la figure 1.4.

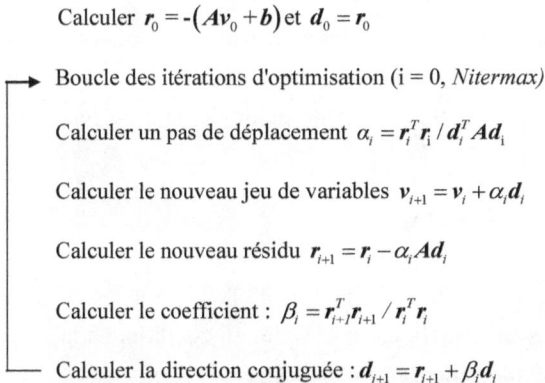

Calculer $r_0 = -(Av_0 + b)$ et $d_0 = r_0$

Boucle des itérations d'optimisation (i = 0, *Nitermax)*

Calculer un pas de déplacement $\alpha_i = r_i^T r_i / d_i^T A d_i$

Calculer le nouveau jeu de variables $v_{i+1} = v_i + \alpha_i d_i$

Calculer le nouveau résidu $r_{i+1} = r_i - \alpha_i A d_i$

Calculer le coefficient : $\beta_i = r_{i+1}^T r_{i+1} / r_i^T r_i$

Calculer la direction conjuguée : $d_{i+1} = r_{i+1} + \beta_i d_i$

Figure 1.4 : *Algorithme du gradient conjugué pour des fonctions quadratiques.*

Cette méthode nécessite un stockage de quelques vecteurs à chaque itération, par contre la convergence peut devenir très lente pour des problèmes de grandes tailles [1].

Méthode du gradient conjugué (cas général) : Cette méthode est très intéressante pour les fonctions non linéaires, parce qu'elle ne nécessite qu'un très faible stockage d'informations. Beaucoup de travaux ont été consacrés à cette méthode [1-10-11]

L'idée de base est d'éviter les opérations matricielles, la direction de descente à l'itération i est prise telle que :

$$d_i = -(\nabla f_i)^T + \beta_i d_{i-1} \tag{1.14}$$

Avec $d_0 = -(\nabla f_i)^T$, la solution suivante est alors $v_{i+1} = v_i + \alpha_i d_i$. La valeur du cœfficient β_i a été proposée par Fletcher-Reeves (FR), Polak-Ribière (PR) et Hestenes-Stiefel (HS), selon les trois formules suivantes :

$$\beta_i^{FR} = (\nabla f_i)^T \nabla f_i / (\nabla f_{i-1})^T \nabla f_{i-1} \tag{1.15}$$

$$\beta_i^{PR} = (\nabla f_i)^T (\nabla f_i - \nabla f_{i-1}) / ((\nabla f_{i-1})^T \nabla f_{i-1}) \tag{1.16}$$

$$\beta_i^{HS} = (\nabla f_i)^T (\nabla f_i - \nabla f_{i-1}) / [d^T_{i-1}(\nabla f_i - \nabla f_{i-1})] \tag{1.17}$$

Pour assurer la convergence globale de cette méthode, la modification suivante est nécessaire [10].

$$\beta_i = max\{\beta_i^{PR}, 0\} \tag{1.18}$$

Une dernière remarque concernant cette méthode qui s'applique à sa haute sensibilité, à la qualité Line-search, car c'est elle qui conditionne la propriété de la mutuelle conjugaison des directions de descente.

1.5.1.3 Méthode de Newton

Parmi les différentes méthodes de Newton, celles qui sont les plus communes sont les méthodes de Newton discrètes et les méthodes quasi Newtoniennes. Il existe une littérature abondante sur les méthodes à base de Newton [1-13-6-7-12].

Toutes les variantes de la méthode de Newton sont basées sur une approximation locale quadratique de la fonction objectif en minimisant cette fonction. Le modèle quadratique de f en v_i le long de la direction d est :

$$f\left(v_i + d\right) \approx f\left(v_i\right) + \left(\nabla f_i\right)^T d + \frac{1}{2} d^T A_i d \qquad (1.19)$$

Avec $A_i = \nabla^2 f_i$. Le minimum de f en d est alors simplement celui de la fonction quadratique :

$$q_i\left(d\right) = \left(\nabla f_i\right)^T d + \frac{1}{2} d^T A_i d \qquad (1.20)$$

D'où la condition directe sur la direction d qui est résultat de la résolution du système linéaire suivant :

$$A_i d = -\left(\nabla f_i\right)^T \qquad (1.21)$$

Dans la méthode de Newton classique, la direction résultat de (1.21) est utilisée directement pour actualiser les variables d'optimisation $v_{i+1} = v_i + d_i$ jusqu'à la convergence. Cette technique fait que la méthode peut être instable. Quand v_0 est assez proche de la solution v^*, la convergence quadratique peut être démontrée [1-3-4-9].

En pratique, des modifications à chaque itération de la méthode de Newton classique sont essentielles pour garantir la convergence. Lorsque A_i n'est pas définie positive, la direction de recherche n'existe plus ou elle n'est pas une direction de descente, il faudra donc conditionner cette matrice et la remplacer par une autre matrice définie positive $\overline{A_i}$ ou bien chercher d'autres directions de descente.

Ensuite, si la solution initiale est très loin de l'optimum, il faudra ajuster les directions de recherche. Un algorithme illustrant ces techniques est donné dans la figure 1.5.

Choisir une direction initiale v_0

Boucle des itérations d'optimisation (i = 0, _Nitermax_)

Calculer la direction de descente d_i telle que :

$\|A_i d_i + \nabla f_i\| \le \eta \|\nabla f_i\|, \eta$ est la précision de la solution

Calculer α tel que $v_{i+1} = v_i + \alpha d_i$ puisse satisfaire

- $f(v_{i+1}) \le f(v_i) + \gamma \alpha (\nabla f_i)^T d_i,$

- $\left|(\nabla f_{i+1})^T d_i\right| \le \delta \left|(\nabla f_i)^T d_i\right|,$

- Avec : $0 < \gamma < \delta < 1$

- Actualiser la solution : $v_{i+1} = v_i + \alpha d_i$

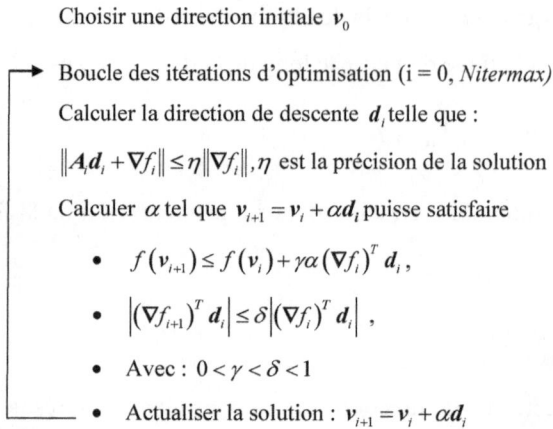

Figure 1.5: _Une variante de l'algorithme de Newton modifié._

Méthodes de Newton discrètes : Les méthodes de Newton discrètes nécessitent n évaluations des gradients et la symétrisation du Hessien A_i. Chaque colonne j de A_i est approximée par différence finie :

$$a_j = \frac{1}{\varepsilon_j}\left(\nabla f\left(v_{i+1} + \varepsilon_j d_j\right) - \nabla f(v_i)\right) \tag{1.22}$$

ε_j est une valeur de perturbation très faible. La symétrisation du Hessien est faite comme suit :

$$A_i = \frac{1}{2}\left(A_i + A_i^T\right) \tag{1.23}$$

Méthodes quasi Newtoniennes : théoriquement les méthodes quasi Newtoniennes sont assez proches des méthodes du gradient conjugué non linéaire, des informations en plus concernant les courbures sont introduites. A chaque pas de l'algorithme, l'approximation actuelle du Hessien (ou de son inverse) est actualisée suivant des informations sur les nouveaux gradients. Le développement de Taylor du vecteur gradient à l'itération i donne

$$\nabla f_{i+1} = \nabla f_i + A_i\left(v_{i+1} - v_i\right) + \dots \tag{1.24}$$

En considérant A_i constante égale à A on obtient alors la relation

$$As_i = y_i \qquad (1.25)$$

Avec $s_k = v_{i+1} - v_i$ et $y_i = \nabla f_{i+1} - \nabla f_i$ k Comme chaque différence de gradients y_i donne des informations sur une colonne de A , l'idée est de construire une série de matrices successives B_i de façon à ce que la procédure reste consistante avec (1.25). La condition de base des méthodes quasi Newtoniennes est :

$$B_{i+1} s_i = y_i \qquad (1.26)$$

Pour que B_{i+1} soit unique, une condition supplémentaire est introduite

$$B_{i+1} = B_i + G_i\left(s_i, y_i, B_i\right) \qquad (1.27)$$

La procédure générale de correction [1-6-7] (de rang 1) est :

$$B_{i+1} = B_i + \frac{1}{t^T s_i}\left(y_i - B_i s_i\right) t^T \qquad (1.28)$$

Avec $t^T s_i \neq 0$. Si $t = s_i$ on retrouve la méthode de Broyden. Pour forcer le rang à un durant tout le processus, on peut imposer la condition de symétrie avec la formule générale suivante :

$$B_{i+1} = B_i + \frac{1}{\left(y_i - B_i s_i\right)^T s_i}\left(y_i - B_i s_i\right)\left(y_i - B_i s_i\right)^T \qquad (1.29)$$

L'une des méthodes quasi Newtoniennes les plus connues est celle de BFGS développée par Broyden, Fletcher, Goldfard et Shanno. Elle utilise une correction de rang 2 avec la condition de définie positivité de B_i, cette correction est donnée par :

$$B_{i+1} = B_i + G_i \qquad (1.30)$$

Avec :

$$G_i = \frac{s_i s_i^T}{y_i^T s_i}\left(\frac{y_i^T B_i y_i}{y_i^T s_i} + 1\right) - \frac{1}{y_i^T s_i}\left[s_i y_i^T B_i + B_i y_i s_i^T\right] \qquad (1.31$$

1.5.2 Méthodes de minimisation avec contraintes

Il est clair que dans la pratique, les techniques de minimisation avec contraintes sont plus utiles que les précédentes. Cependant le choix de la meilleure méthode pour la résolution d'un problème avec limitations reste encore une tâche très délicate.

Lorsque les limitations sont linéaires, les problèmes sont simples et des techniques de résolution appropriées existent [1- 13-14-6-7]. L'idée de base de la plupart des algorithmes de minimisation avec contraintes est de simplifier le problème de telle façon qu'il puisse être reformulé en une séquence de problèmes dont les solutions seront basées sur les méthodes de minimisation sans contraintes décrites au paragraphe précédent.

Les conditions d'optimalité du paragraphe 1.4 concernaient les problèmes d'optimisation sans limitations, et ne sont plus valables dans le cas de minimisation avec contraintes. Une condition nécessaire à remplir par le point v^* pour qu'il soit un minimum local, d'optimisation avec limitations d'égalités et d'inégalités (1) est la suivante :

$$\begin{cases} \text{il existe des scalaires } \lambda_k^* \geq 0, k = 1, p \text{ et } \mu_j^* \geq 0, j = 1, m \\ \nabla L\left(v^*, \lambda^*, \mu^*\right) = \nabla f\left(v^*\right) + \sum_{k=1}^{p} \lambda_k^* \nabla g_k\left(v^*\right) + \sum_{j=1}^{m} \mu_j^* \nabla h_j\left(v^*\right) = 0 \\ \lambda_k^* \nabla g_k\left(v^*\right) = 0 \quad \forall k = 1, p \end{cases} \qquad (1.32)$$

Ou $L\left(v^*, \lambda^*, \mu^*\right)$ est appelé Lagrangien, f, h et g sont supposées différentiables. Les $\lambda_k^* \geq 0, k = 1, p$ sont appelés multiplicateur de Lagrange. Deux autres conditions sur les limitations doivent êtres vérifiés, qui sont :

- Les fonctions $g_k, k = 1, p$ sont convexes, les fonctions $h_j, j = 1, m$ linéaires, et il existe $w \in R$ tel que $g_k\left(w\right) < 0$ pour $k = 1, p$ et $h_j\left(w\right) = 0$ pour $j = 1, m$

- En v^* les gradients $\nabla g_k\left(v^*\right), k = 1, p$ et $\nabla h_j\left(v^*\right), j = 1, m$ sont linéairement indépendants.

Les conditions ci-dessus sont appelées *conditions de K uhn- Tucker.*

Les méthodes d'optimisation avec contraintes sont classées en quatre groupes principaux:

➢ les méthodes primales, qui sont mieux adaptées au cas de limitations linéaires ; ce sont toutes les méthodes des directions admissibles, des gradients projetés ou des gradients réduits, etc ...

➢ Les méthodes duales dont celles du Lagrangien augmenté qui sont réputées très robustes

➢ les méthodes de pénalisation (interne, externe ou étendue) reposent sur la transformation du problème initial avec limitations en un autre sans contraintes, ce type de méthodes souffre essentiellement du mauvais conditionnement de la fonction objectif transformée, d'où un faible intérêt pratique.

➢ Les méthodes qui combinent les approches primale et duale, et permettent de résoudre approximativement les équations de Kuhn- Tucker. Ce type de méthodes a connu ces deux dernières décennies beaucoup d'intérêts de la part des chercheurs; de nombreux articles ont été publiés sur ce sujet et particulièrement sur les méthodes de Programmation Quadratique Séquentielle. Celles-ci sont à ce jour parmi les plus robustes, C'est pourquoi nous les avons utilisées dans ce travail. Nous allons les présenter dans le paragraphe suivant.

1.5.3 Méthode de Programmation Quadratique Séquentielle

1.5.3.1 Bref historique de la méthode SQP

La première référence publiée sur les algorithmes de type SQP date de l'année 1963 dans la thèse de Wilson à l'Université de Harvard, dans laquelle il proposa la méthode sous le nom de méthode de Newton-SQP. Plus tard vers le début des années 1970, le développement des algorithmes à métrique variable pour l'optimisation sans contraintes a naturellement permis d'étendre la méthode aux problèmes avec limitations.

Le premier travail sur les algorithmes SQP est attribué à Mangasarian en 1976 qui explora un algorithme SQP dans lequel le Hessien du Lagrangien était actualisé à chaque itération d'optimisation. Peu après, Han publia deux articles [15-16] dans lesquels il contribua à l'avancement de la méthode. Dans le premier (1976), il énonça le théorème de la convergence locale et du taux de convergence des méthodes de type BFGS-SQP pour les problèmes avec limitations d'inégalités. Dans le second (1977), il employa une fonction mérite particulière pour obtenir la convergence globale pour le cas convexe. Dans la même période, Powell présenta une série d'articles [17-18-19] généralisant la méthode SQP. Depuis ce temps, cette méthode a connu beaucoup de développements, et on trouve aujourd'hui une littérature abondante sur différentes variantes de SQP.

1.5.3.2 Introduction

Depuis sa popularité à la fin des années 1970, la méthode de Programmation Quadratique Séquentielle (SQP) est devenue la première méthode du point de vue robustesse et efficacité dans la résolution des problèmes d'optimisation non linéaire avec contraintes. Du fait que cette méthode s'articule sur des bases théoriques et numériques solides, des logiciels ont été proposés disponibles dans le domaine public ou privé (logiciels commercialisés). Dernièrement des versions pour de très grands nombres de variables sont développées et testées et ont donné des résultats prometteurs.

Les méthodes SQP, se proposent de résoudre le problème (1.1) sous sa forme générale suivante :

$$\begin{aligned}
&\text{minimiser } f(v), \quad v \in \square^n \\
&\text{soumise à } h(v) = 0 \\
&\qquad g(v) \le 0
\end{aligned} \tag{1.33}$$

L'idée de base de ces méthodes est de modéliser (1.33) en un point donné v_i par un sous problème de programmation quadratique, et d'utiliser la solution de ce sous problème pour construire une meilleure approximation v_{i+1}. Ce processus est répété produisant une succession d'approximations, qui doivent converger vers la solution v^*.

Les méthodes SQP possèdent quelques propriétés qui font leur intérêt pratique, la première est qu'elles ne nécessitent pas une solution initiale qui satisfait toutes les limitations de (1.33). La seconde est que leur succès dans la résolution dépend de l'existence et de la validité des algorithmes de résolution des problèmes quadratiques (ce qui est tout à fait faisable de nos jours).

1.5.3.3 Fondement de la méthode SQP

Une étape importante dans les méthodes SQP est le choix des sous problèmes appropriés. On définit un sous problème en linéarisant les limitations et en prenant une approximation quadratique de la fonction objectif en v_i. On aboutit alors au sous problème quadratique suivant :

$$\begin{aligned}
&\text{minimiser } r_i^T d_v + \frac{1}{2} d_v^T B_i d_v, v \in \square^n \\
&\text{soumise à } \left(\nabla h(v_i)\right)^T d_v + h(v_i) = 0 \\
&\qquad \left(\nabla g(v_i)\right)^T d_v + g(v_i) \le 0
\end{aligned} \tag{1.34}$$

Avec $d_v = v - v_i$, r_i et B_i sont à déterminer. Pour tenir compte des non linéarités dans les limitations et en même temps les linéariser dans le sous problème quadratique, la méthode SQP utilise une expression quadratique du Lagrangien (1.32) et le problème (1.33) est transformé en :

$$\text{minimiser } L\left(v, \lambda^*, \mu^*\right)$$
$$\text{soumise à } h(v) = 0 \qquad\qquad\qquad (1.35)$$
$$g(v) \leq 0$$

A l'itération i (v_i, λ_i, μ_i), le développement en série de Taylor du Lagrangien est :

$$L\left(v_i, \lambda_i, \mu_i\right) + \left(\nabla L\left(v_i, \lambda_i, \mu_i\right)\right)^T d_v + \frac{1}{2} d_v^T B_i d_v \qquad\qquad (1.36)$$

Le sous problème quadratique devient :

$$\text{minimiser } \left(\nabla L\left(v_i, \lambda_i, \mu_i\right)\right)^T d_v + \frac{1}{2} d_v^T B_i d_v$$
$$\text{soumise à } \left(\nabla h(v_i)\right)^T d_v + h(v_i) = 0 \qquad\qquad (1.37)$$
$$\left(\nabla g(v_i)\right)^T d_v + g(v_i) \leq 0$$

Ou B_i représente le Hessien du Lagrangien et non celui de la fonction objectif seule.

Il se trouve que dans la littérature [20-1-15-19], le problème (1.37) est toujours approximé en remplaçant $\left(\nabla L(v_i, \lambda_i, \mu_i)\right)^T d_v$ par $\left(\nabla f(v_i)\right)^T d_v$, et le sous problème quadratique devient finalement :

$$\text{minimiser } \left(\nabla f(v_i)\right)^T d_v + \frac{1}{2} d_v^T B_i d_v$$
$$\text{soumise à } \left(\nabla h(v_i)\right)^T d_v + h(v_i) = 0 \qquad\qquad (1.38)$$
$$\left(\nabla g(v_i)\right)^T d_v + g(v_i) \leq 0$$

La solution d_v de (1.38) est utilisée pour générer une nouvelle solution v_{i+1} en faisant un pas α dans la direction d_v. Il est noté que pour la prochaine itération $(i+1)$, les multiplicateurs de Lagrange sont pris égaux à ceux de la solution optimale du problème quadratique de l'itération actuelle

(i) notés λ_{pq}, μ_{pq}.

$$v_{i+1} = v_i + \alpha d_v$$
$$\lambda_{i+1} = \lambda_i + \alpha \left(\lambda_{pq} - \lambda_i \right) \qquad (1.39)$$
$$\mu_{i+1} = \mu_i + \alpha \left(\mu_{pq} - \mu_i \right)$$

1.5.3.4 Convergence locale

Pour garantir la convergence locale des algorithmes SQP, les hypothèses suivantes sont faites sur les matrices B_i :

- ✓ Les matrices B_i sont définies positives ;

- ✓ Les matrices B_i sont bornées : $\|B_i\| \leq \beta$ avec $\beta > 0$;

- ✓ Les matrices inverses B_i^{-1} sont bornées : $\|B_i^{-1}\| \leq \delta$ avec $\delta > 0$;

Plusieurs méthodes d'actualisation des matrices B ont été proposées, la version la plus courante est celle appelée méthode PSB (Powell Symmetric-Broyden) qui utilise un schéma de type approximation sécante

$$B_{i+1} = B_i + \frac{1}{s^T s} \left[(y - B_i s) s^T + s (y - B_i s)^T \right] - \left[\left((y - B_i s)^T s \right) / \left(s^T s \right)^2 \right] ss^T \qquad (1.40)$$

Où

$$s = v_{i+1} - v_i \qquad (1.41)$$

Et

$$y = \nabla L \left(v_{i+1}, \lambda_{i+1} \right) - \nabla L \left(v_i, \lambda_{i+1} \right) \qquad (1.42)$$

Un autre schéma d'actualisation utilise la méthode BFGS généralisée au cas avec limitations :

$$B_{i+1} = B_i + \frac{y^T y}{s^T y} - \frac{B_i ss^T B_i}{s^T B_i s} \qquad (1.43)$$

Où s et y sont définis comme précédemment (1.41) et (1.42). Malheureusement, cette formule ne garantit pas la définie positivité des matrices successives $(ys^T > 0)$.

Powell introduisit une technique qui utilise la formule précédente mais en remplaçant y par $\hat{y}$

$$\hat{y} = \theta y + (1-\theta) B_l s \tag{1.44}$$

Avec un choix de θ entre $[0,1]$, on assure une convergence super linéaire.

Une deuxième approche est de transformer le problème pour que le Hessien du Lagrangien devienne toujours positif. On utilise la technique BFGS-SQP mais en remplaçant le fonction objectif f par :

$$f_A(v) = f(v) + \frac{\eta}{2} \|h(v)\|^2 \tag{1.45}$$

Avec $\eta > 0$ (chiffre assez grand), ce changement donne un autre Lagrangien L_A

$$L_A(v,\lambda) = L(v,\lambda) + \frac{\eta}{2} \|h(v)\|^2 \tag{1.46}$$

1.5.3.5 Fonctions mérite et convergence globale

Une fonction mérite ϕ est incorporée dans un algorithme SQP pour assurer sa convergence globale. Une procédure de line-search est utilisée pour modifier le pas de déplacement de telle façon qu'entre v_i et v_{i+1}, ϕ puisse diminuer.

Dans un problème sans contraintes, la fonction mérite est naturellement la fonction objectif. Dans le cas avec limitations une fonction mérite doit équilibrer la réduction de f avec le besoin de satisfaction des limitations. Deux des fonctions mérite les plus communes sont, la fonction mérite différentiable à base du Lagrangien augmenté, et la fonction de pénalité exacte.

La fonction mérite du Lagrangien augmenté pour le cas des contraintes d'égalité est donnée par:

$$\phi(v,\eta) = f(v) + h^T(v)\bar{u}(v) + \frac{\eta}{2}\|h(v)\|^2 \tag{1.47}$$

Où η est une constante, et $\bar{u}$ est donné par :

$$\bar{u}(v) = -\left[(\nabla h\ (v))^T (h(v))\right]^{-1}\left[h(v)\right]\nabla f(v) \tag{1.48}$$

La fonction mérite de pénalité exacte, pour le cas des contraintes d'égalité est donné par :

$$\phi_p(v,\eta) = f(v) + \rho\|h(v)\| \tag{1.49}$$

Où ρ est une constante positive.

1.6 Normalisation

1.6.1 Normalisation de la fonction objectif

Il est généralement souhaitable que la valeur de la fonction objectif soit de l'ordre de l'unité. Ceci peut se faire facilement en multipliant la fonction objectif à chaque itération par $\frac{1}{f_0}$ où f_0 est la valeur de la fonction objectif à la première itération. Normalement f doit diminuer au cours des itérations, donc on assure bien que la fonction objectif $f \le 1$ durant le processus d'optimisation. On a choisi la valeur de 100 comme valeur initiale de la fonction objectif normalisée.

1.6.2 Normalisation des contraintes

Dans un problème d'optimisation, il est impératif que les limitations aient des "poids égaux" durant le processus de recherche de la solution et chaque limitation doit être bien conditionnée par rapport aux perturbations des variables.

Pour le cas des contraintes linéaires, on peut utiliser une des techniques ci-dessus, mais d'autres ont été également proposées [6]. Pour le cas des contraintes non linéaires, plusieurs méthodes normalisent la matrice jacobienne des limitations en normalisant à *1* le gradient de chaque limitation.

Dans le chapitre suivant, nous allons présenter en premier lieu, une analyse bibliographique sur l'optimisation des structures à comportement linéaire et non linéaire ; en deuxième lieu, la paramétrisation par les courbes Bsplines et en troisième lieu, une analyse bibliographique de la sensibilité. Nous terminons par une application numérique d'optimisation de forme d'une structure portique formée d'éléments poutres avec un calcul de la sensibilité par la méthode des différences finies.

Chapitre 2

Optimisation en calcul des structures

Sommaire

Optimisation en calcul des structures

2.1 Introduction

Ce chapitre présente les applications de l'optimisation de forme en mécaniques des structures. Nous commençons d'abord par citer les différentes classes d'optimisation de forme. Ensuite nous présentons un résumé bibliographique sur les travaux effectués, pendant ces dernières décennies, en optimisation de forme de structures en distinguant les deux cas: avec et sans prise en compte des non linéarités (géométriques et/ou matérielles) dans l'analyse du problème mécanique.

Nous présentons le schéma général du processus d'optimisation de forme, avec les principales phases qui le constituent : la phase de paramétrisation, la phase d'analyse non linéaire, la phase d'analyse de sensibilités et enfin la phase d'optimisation. A la fin de ce chapitre, nous présentons un premier exemple de l'optimisation de forme d'une structure portique formée d'éléments poutres.

Dans notre étude, la fonction objectif est toujours la contrainte de Von Mises, de la forme $f(v_i)$ tel que v_i représente le vecteur des variables d'optimisation qui sont les points de contrôles définis par la courbe de B-Splines.

Dans la littérature, différentes méthodes ont été proposées pour le calcul des sensibilités. Elles se divisent en quatre grandes familles : numériques, semi analytiques, analytiques discrètes et analytiques continues. Nous en ferons ensuite un résumé bibliographique.

Nous avons développé une nouvelle méthode de calcul de la sensibilité, basée sur le calcul exact du gradient de la fonction objectif et de ses limitations par rapport aux cordonnées des points de contrôles. Cette méthode sera présentée dans le chapitre quatre pour les éléments solides en déformations planes ou en contraintess plane et dans le chapitre cinq pour le cas axisymétrique.

2.2 Différentes classes d'optimisation de forme

Il existe trois grandes classes de problèmes d'optimisation des structures. Dans un ordre croissant de complexité, on distingue le dimensionnement, l'optimisation de forme, et l'optimisation topologique.

Les problèmes de dimensionnement regroupent toutes les méthodes de détermination des dimensions géométriques pour des classes de conception prédéfinies, telles que l'épaisseur de coque, sections droites des éléments dans un treillis. Cette classe de problèmes a suscité un vif intérêt depuis le vingtième siècle (Schmidt 1960, Santos et al. 1988, Abid et al. 1996, Younsi et al. 1994, Naceur et al.1998, Bahloul et al.2005, etc ...).

L'optimisation de forme (appelée aussi optimisation géométrique) introduit des variables de conception qui permettent le mouvement des frontières (bords).

Dû à sa difficulté relative par rapport au dimensionnement, les changements géométriques envisagés ont été historiquement limités (Zienkiewicz et al. 1973, Botkin et al. 1985, Ali 1994, Ramm 1997, Naceur 1998, Bahloul 2005, etc ...). Cependant l'optimisation de forme a connu énormément d'importance dans les industries aéronautique, navale, automobile, en contribuant à la réduction des coûts de fabrication tout en améliorant les outils de travail, de sécurité et de confort.

L'optimisation topologique nécessite aussi bien des modifications topologiques que des modifications de forme et de dimensions. Les modifications topologiques concernent les éléments d'assemblages ou bien la création ou la suppression de trous dans des milieux continus. Les éléments dans un assemblage peuvent être modifiés, on peut en ajouter, en enlever ou en déplacer dans le but d'obtenir une conception améliorée. Relativement peu de travaux ont été faits dans ce domaine (Kirsch 1989, Suzuki et al. 1991, Rozvany et al. 1993,

Ramm et al. 1994, Reddy et al. 1994, Maute et al. 1997, etc ...) malgré l'importance de ce concept, car les méthodes permettant de l'aborder sont relativement récentes.

Des recherches actuelles sur l'optimisation de forme sont en cours. Bien que ces recherches ont été intensifiées ces dernières années, tels que (Sandgren et al. 1991, Younsi et al 1993, Ramm et al. 1994, Menrath et al. 1997, Naceur et al 1998, Bahloul et al 2005, etc ...), il reste beaucoup de travail à faire avant que cette classe d'optimisation ne devienne une partie intégrante du processus de conception.

2.3 Analyse bibliographique

2.3.1 Optimisation de structures à comportement linéaire

L'optimisation de forme de structures mécaniques dont le comportement est linéaire (petits déplacements et loi de comportement élastique linéaire du matériau) a connu un progrès considérable ces trois dernières décennies, ainsi qu'en témoigne le très grand nombre de livres et articles scientifiques publiés sur ce sujet.

Actuellement les techniques d'optimisation de forme sont très performantes et sont en train de passer à une période de consolidation, dans le sens où c'est leurs applications, plutôt que leurs développements, qui connaissent le plus d'intérêt de la part des chercheurs. Techniquement, les développements actuels dans le domaine de l'optimisation de forme de structures linéaires s'orientent vers la recherche de méthodes d'amélioration de la robustesse des algorithmes pour la résolution des problèmes complexes.

De nombreux logiciels universitaires et commerciaux commencent à incorporer des modules d'optimisation de forme de structures linéaires dans les différentes branches de la mécanique (statique, dynamique, thermique, etc ...); ces modules sont assez fiables, mais nécessitent toujours des précautions lors de la modélisation du problème à traiter (paramétrisation, choix du nombre de variables d'optimisation). Parmi les logiciels universitaires (de recherche) on cite: SIC et MEF de l'UTC, CARAT de l'Université de Stuttgart, COMETBOARDS du centre de recherche Lewis à l'Ohio, CODISYS de l'Université de Pais Vasco, SHAPE de l'Université de Queensland, ADS de l'Université de Californie, etc...

Les logiciels industriels incorporent de plus en plus des modules d'optimisation structurale (en analyse linéaire) tels que: ALTAIR OPTISTRUCT, NISAOPT, IDEAS, ACSL OPTIMIZE, OPTDES, ODYSSEY, ANSYS, SAMCEF-OPTI, NASTRAN, DOC, GENESIS, SOCS, ULTRAMAX, SIMUSOLV, OPTCAD, ...

Les premières recherches en optimisation de forme ont été faites par Schmit en 1960 [21], qui a permis la compréhension des techniques de programmation mathématique, en présentant une étude détaillée sur la résolution d'un problème d'optimisation de structures élastiques sous chargement variable avec des limitations non linéaires d'inégalités. En 1973, Zienkiewicz et al. [22] ont présenté une méthode utilisant la technique des éléments finis, permettant l'optimisation de forme de structures à barres où les variables d'optimisation étaient les coordonnées des noeuds.

En 1978, Fleury [23] a présenté une étude détaillée sur le dimensionnement automatique de structures élastiques, qui fut une contribution conséquente à l'avancement de l'optimisation structurale. En 1980, Queau et al. [24] ont utilisé la méthode des éléments finis avec une méthode de pénalité pour l'optimisation de forme de structures axisymétriques qui minimise les concentrations de contraintes sur les bords. Une étude détaillée sur l'optimisation de plaques a été faite par Haftka et al. en 1981 [25], où ils présentaient le traitement de différentes limitations en optimisation structurale (limitations en contraintes, en déplacements, en fréquences propres etc ...). Botkin 1982 [26], utilise un code général (ODYSSEY) couplant la M.E.F et les méthodes de programmation mathématique pour l'optimisation de forme des éléments d'une structure complexe. La réduction du poids a été faite pour une épaisseur fixe des plaques en faisant varier les bords. En trois dimensions Imam [27] a eu quelques difficultés liées à la distorsion des éléments et la nécessité d'un remaillage a été identifiée.

En 1984 et 1985, Bennett et al. [28-29] ont présenté une méthode pour l'optimisation de forme avec une description de la CAO ainsi qu'une technique d'adaptation de maillage durant les cycles d'optimisation. En 1986, Rozvany et al. proposaient une approche pour l'optimisation de forme de poutres et plaques, basée sur la théorie de la "conception à flexion optimale". En 1987, Domaszewski et al. [30] ont présenté une technique pour l'optimisation de forme d'arches avec limitation sur le poids total.

Depuis de nombreuses années, plusieurs travaux de thèses ont été réalisés traitant de l'optimisation de forme notamment El Yafi en 1987 [31] sur une approche locale pour l'optimisation de forme des structures, Lopez Lopez en 1989 [32] sur l'optimisation de forme des structures minces de type poutres et coques ainsi que Younsi en 1993 [33] sur l'optimisation de forme de structures tridimensionnelles (massives), Hakim en 1998 [34] sur l'optimisation de forme de structures minces en présence de non linéarités géométriques et matérielles, Bahloul en 2005 [35] sur l'optimisation du procédé de pliage sur presses de pièces en tôles à haute limite élastique.

Beaucoup de travaux présentant des applications industrielles et des codes d'optimisation de forme ont été réalisés (en 1990 Bletzinger et al. [36], en 1991 Kodiyalam et al. [37], en 1992 Canales et al. [38] et Naqib et al. [39], en 1993 Gates et al. [40], Bugeda et al. [41] et Tarrago et al. [42], en 1994 Bischof et al. [43], et en 1996 Patnaik et al. [44]).

Avec l'accroissement des moyens de calcul, de nombreuses recherches concernant l'optimisation topologique se sont intensifiées avec notamment les travaux de Sandgren et al. [45] et Suzuki et al. [46] en 1991, Reddy et al. [47] et Rozvany [48] en 1994, Ramm et al. [49-50] en 1994 et 1996 ainsi que les travaux de Maute et al. [51] en 1996.

2.3.2 Optimisation de structures à comportement non linéaire

En 1993, Oblak et al. [52] ont présenté une approche pour la conception optimale de structures à comportement non linéaire avec prise en compte des conditions de stabilité de la structure. Le problème non linéaire initial est remplacé par une succession de problèmes approchés simples qui renferment des limitations sur des estimations de la charge critique. La fonction objectif était le volume et les variables d'optimisation étaient les sections droites des éléments de treillis.

En 1994, Levy [53-54] présenta une formulation pour la minimisation de la masse de structure à barres avec des limitations sur la charge critique de flambement. Les variables d'optimisation étaient les sections droites des barres.

Contrairement à l'optimisation structurale linéaire, l'optimisation de structures à comportement non linéaire est relativement récente.

En 1992, Pezeshk et al. [55] ont présenté une approche pour l'optimisation de forme de structures formées de barres et de poutres en présence de non linéarités géométriques, basée sur la méthode du critère d'optimalité. La fonction objectif est la masse de la structure avec une limitation sur la charge critique.

En 1993, Jao et al. [56] ont présenté une brève description d'une approche pour la conception optimale de structures à comportement non linéaire géométrique et matériel. Le modèle représentant le comportement non linéaire du matériau n'utilise pas le concept de la surface seuil de plastification, mais un ensemble d'équations explicites. Différents résultats concernent l'optimisation d'une structure à barres simple soumise à différents chargements avec des limitations en contraintes et en déplacements.

En 1994, Reitinger et al. [57] ont proposé une méthode pour la maximisation de la charge critique pour le cas des poutres à comportement non linéaire géométrique avec des limitations sur le volume total de la structure.

En 1995, Kohli et al. [58] ont présenté une stratégie pour l'optimisation de forme de structures non linéaires qui utilise une approche élément par élément pour la résolution des équations différentielles et adaptant la technique des différences finies elle permet un calcul semi analytique des gradients. Cette approche a été utilisée pour l'optimisation de la forme des pôles d'un aimant électromagnétique pour produire un champ magnétique d'une intensité fixée.

Dans la même année, Ringertz [59] publia un algorithme pour la conception optimale de structures de coques en grands déplacements utilisant les méthodes SQP couplées à l'analyse non linéaire par éléments finis. La fonction objectif était le poids de la structure avec des limitations sur la stabilité et les déplacements en certains points En 1995, Polynkin et al. [60] ont présenté une approche pour l'optimisation de forme de structures de types plaques et coques géométriquement non linéaires. Ils utilisent la FLAI (Formulation Lagrangienne Actualisée à chaque Itération) pour l'analyse non linéaire et une approximation de la méthode multipoints comme technique d'optimisation. Plusieurs exemples de types plaques et coques ont été traités, où la fonction objectif était la masse avec des limitations sur la charge critique ainsi que les maxima des contraintes en certains points. En 1996, les mêmes auteurs [61] ont introduit une technique d'auto-adaptativité dans leur processus d'optimisation contrôlant ainsi l'erreur de discrétisation.

En 1995, Kegl et al. [62] ont présenté une approche pour l'optimisation de forme de poutres en présence de non linéarités géométriques. Elle combine la méthode de programmation mathématique et la méthode des éléments finis. La fonction objectif était le volume avec une limitation sur la charge critique et les variables d'optimisation sont quelques pôles qui définissent une partie ou toute la structure.

En 1996, Abid et al. [63] ont proposé une approche pour l'optimisation d'épaisseur de structures minces formées de poutres et de coques en présence de non linéarités géométriques. Dans leur approche, ils ont utilisé une FLAI pour l'analyse non linéaire du problème combinée aux méthodes de programmation mathématique de type SQP.

En 1998, Hakim Naceur [34] a traité l'optimisation de forme des structures minces en présence de non linéarités utilisant la méthode des éléments finis couplés aux méthodes de programmations mathématiques. Dans les différents problèmes traités, il a utilisé une formulation lagrangienne pour la résolution des problèmes non linéaires. Pour les problèmes à caractère non linéaire géométrique, les variables d'optimisation sont les positions géométriques des pôles définissant la géométrie de la structure. La fonction objectif est définie à partir du critère de Von Mises exprimée en contraintes planes.

En 2005, Bahloul [65] a traité l'optimisation du procédé de pliage sur presses de pièces en tôles à haute limite élastique. Il a réalisé l'étude de l'optimisation de forme des attaches.

Un nombre assez important de publications a été fait dans le domaine de l'analyse de sensibilités en présence de non linéarités qui seront présentées au paragraphe 2.4.2

2.4 Processus d'optimisation de forme des structures

La figure 2.1 présente le processus général de l'optimisation de forme en analyse non linéaire. Ce dernier commence par une conception initiale qui doit satisfaire les conditions de faisabilité.

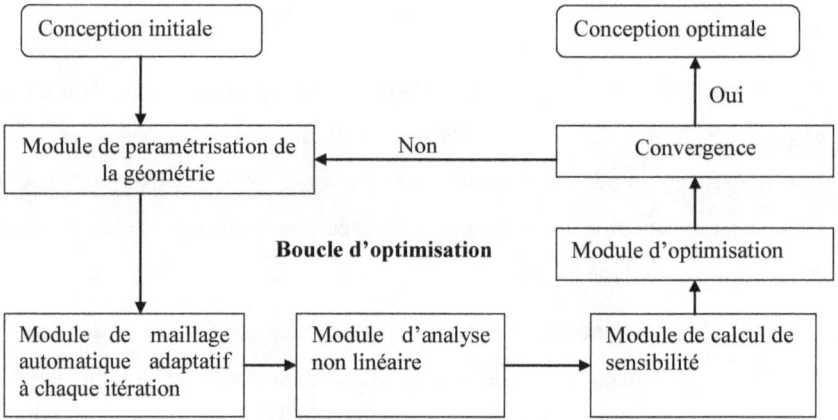

Figure 2.1: *Processus d'optimisation de forme de structures.*

On distingue généralement cinq étapes principales dans le processus d'optimisation de structures non linéaires après avoir choisi un modèle de comportement du problème discrétisé (théorie, loi de comportement, type d'éléments). La première étape est celle de la sélection des variables d'optimisation et la paramétrisation de la géométrie à optimiser qui se fait généralement avec des courbes ou surfaces paramétrées telles que les B-Splines ou Béziers. La deuxième étape est celle du maillage de ces surfaces et l'analyse de la qualité du maillage par utilisation des outils de maillage automatique à chaque itération. La troisième étape est celle de l'analyse non linéaire (déformations et contraintes) puis du calcul des valeurs de la fonction objectif et des limitations qui sont nécessaires à l'optimiser. On procède ensuite au calcul des sensibilités par différentes techniques telle que la méthode des différences finies ou la méthode du calcul exact du jacobien. Cette étape joue un rôle important sur la robustesse du processus général de l'optimisation. La dernière étape est celle de l'actualisation des variables d'optimisation (coordonnées des pôles), qui se fait par un algorithme de minimisation. Ce nouveau jeu de variables est ensuite transmis au module de paramétrisation de la géométrie pour fermer la boucle.

2.4.1 Paramétrisation et variables de conception

La forme optimale dépend du type de paramétrisation choisie ainsi que du nombre de variables de conception utilisées.

La description de la géométrie (paramétrisation), joue un rôle important dans le processus d'optimisation de forme de structures. Si les variables de conception ne sont pas bien adaptées, la forme optimale de la structure sera difficile à atteindre, ou bien la forme obtenue ne sera pas réalisable du point de vue conception mécanique. Pour des raisons de simplicité du prétraitement, ainsi que pour l'évaluation analytique des sensibilités (section 2.4.2) quelques noeuds du maillage élément finis (noeuds de contrôle) sont choisis pour contrôler la forme de la structure (points de contrôle) (voir figure 2.2).

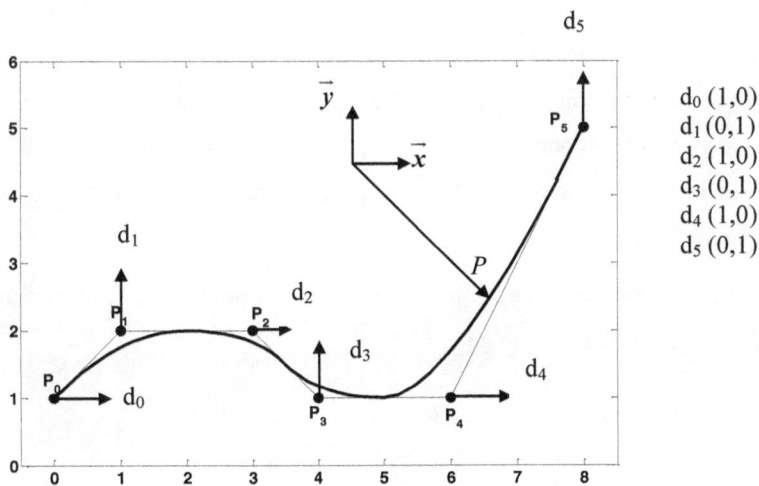

Figure 2.2: *Paramétrisation par B-spline avec 6 points de contrôle.*

Une paramétrisation de type B-Splines est utilisée pour définir la géométrie de la structure à optimiser. Les courbes B-Splines offrent deux principaux avantages comparés à d'autres courbes de paramétrisation telles que les courbes de Béziers ou les courbes polynomiales de degrés élevés [91-92]. Le premier avantage est que les courbes B-splines ont un support local, c'est-à-dire un petit déplacement d'un point de contrôle qui ne modifie la courbe que localement (figure 2.3).

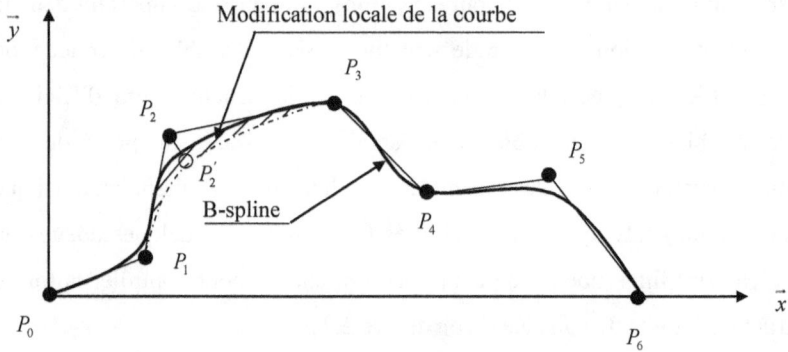

Figure 2.3: *Courbe B-Splines.*

Le deuxième avantage est que ces courbes permettent à l'utilisateur de choisir l'ordre approprié de la courbe selon la complexité de la description géométrique (DAO) de la structure sans changement du nombre de facettes du polygone choisi (figure 2.4).

Etant donné *n+1* points de contrôle, la courbe B-Spline d'ordre k qui définit la forme de la structure est exprimée par :

$$P(t) = \sum_{i=1}^{n+1} P_i N_{i,k}(t) \qquad t_{min} \le t \le t_{max}, \qquad 2 \le k \le n+1 \qquad (2.1)$$

Tel que P_i est le vecteur position de la $(n+1)^{iéme}$ sommet du polygone. $N_{i,k}$ est la i^{eme} fonction de base B-Spline d'ordre k .

La fonction $N_{i,k}$ est définie par la formule de récurrence suivante :

$$N_{i,l}(t) = \begin{cases} 1 & \text{si } x_i \leq t \leq x_{i+1} \\ 0 & \text{si non} \end{cases} \qquad (2.2)$$

Avec:

$$N_{i,k}(t) = \frac{(t - x_i) N_{i,k-1}(t)}{x_{i+k-1} - x_i} + \frac{(x_{i+k} - t) N_{i+1,k-1}(t)}{x_{i+k} - x_{i+1}} \qquad (2.3)$$

La figure 2.4 présente l'ordre d'une courbe B-spline.

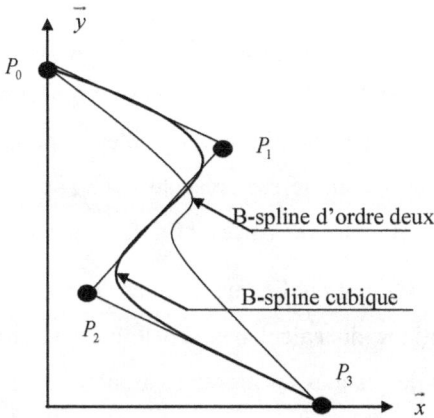

Figure 2.4: *Ordres d'une courbe B-Spline.*

Dans notre travail, une paramétrisation par les courbes de B-splines cubiques est utilisée pour représenter la forme optimisée de la structure. Ces courbes permettent une continuité C^2 qui est suffisante pour nos cas étudiés. Les variables de conception sont les coordonnées des points de contrôles. La nouvelle méthode de calcul de sensibilité est basée sur le calcul exact du jacobien par rapport aux coordonnées des points de contrôles.

2.4.2 Analyse de sensibilité

2.4.2.1 Bibliographie sur l'analyse de sensibilités

Le calcul de la sensibilité en optimisation des structures en présence de non linéarités est un domaine relativement récent, dans lequel des développements importants ont été faits ces dernières décennies. Le travail de Ryu et al. publié en 1985 [67] est l'une des premières études complètes concernant l'analyse de sensibilités pour des problèmes d'optimisation des structures avec non linéarités géométriques et matérielles présentées sous leur forme discrète en utilisant la méthode des éléments finis. En effet les auteurs ont présenté deux techniques d'analyse de sensibilités adaptées l'une pour le cas d'une Formulation Lagrangienne Totale (FLT) l'autre pour la Formulation Lagrangienne Actualisée à chaque Itération (FLAI). Ces deux techniques sont basées sur la différentiation des équations discrétisées par rapport aux variables d'optimisation. Un exemple d'implantation de cette technique est présenté pour l'optimisation des sections des éléments d'une structure à trois barres, afin de minimiser la masse.

En 1987, Choi et al. [68], ont publié une première partie d'un travail concernant une formulation continue du calcul des sensibilités de structures formées de barres, de poutres et de plaques en présence de non linéarités géométriques et matérielles. Les résultats établis sont valables pour les deux formulations Lagrangiennes (FLT) et (FLAI). La deuxième partie de leur travail publiée en 1988 [69] concernait l'application de la méthode sur des structures de barres et de poutres.

En 1988, Cardoso et al. [70] ont présenté une formulation variationnelle pour le calcul de sensibilités pour des structures linéaires et non linéaires. Une formule générale pour l'analyse de sensibilités est proposée. Cette formulation est basée sur les concepts du volume de référence et de structure adjointe. Elle a été appliquée pour des cas de structures simples de barres et de poutres.

La même année, Gopalakrishna et al. [71] ont proposé une technique de calcul de sensibilités de structures non linéaires par la méthode discrète. Dans la procédure de Newton-Raphson, les équations d'équilibre sont différentiées à chaque itération puis résolues pour obtenir les gradients, qui sont incrémentés pour obtenir les gradients totaux.

En 1992, Arora et al. [72] ont développé une approche de calcul de la sensibilité par rapport aux propriétés matérielles de la structure. Ils ont Commencé par une formulation continue et une analyse de sensibilité.

En 1993, Lee et al. [73] ont publié une étude de sensibilités de structures non linéaires visco-plastiques basée sur une formulation continue qui repose sur le principe de Hamilton. La méthode de variation directe a été utilisée pour l'évaluation des sensibilités. Deux exemples de plaques ont été testés pour comparer les sensibilités obtenues avec cette méthode à celles obtenues par la méthode des différences finies.

Dans la même année, Noguchi et al. [74] ont présenté une méthode de calcul des sensibilités pour l'analyse post-flambement des coques. Plusieurs exemples présentant des points de bifurcation et des points limites ont été traités, en utilisant l'élément de coque MITC4 à quatre noeuds.

En 1994, Kulkarni et al. [75] ont présenté un travail sur le calcul de sensibilités pour la réponse dynamique de coques de révolution visco-plastiques. La technique utilisée est celle de la différentiation directe des équations d'équilibre dynamiques discrétisées. Deux exemples numériques concernent une coque sphérique et une plaque circulaire ont été étudiée. Les sensibilités de la réponse de la structure sont évaluées par rapport à l'épaisseur, la densité de masse, le module de Young et deux des caractéristiques de la loi visco-plastique.

Une autre catégorie concernant le calcul de sensibilités de structures en présence de charges critiques (points limites et de bifurcations) et sous des chargements conservatifs a fait l'objet de nombreux travaux, notamment celui de Park et al. en 1990 [76-77], où les auteurs ont présenté une formulation continue pour l'évaluation des sensibilités de structures avec des non linéarités géométriques et matérielles. Cette approche est basée essentiellement sur le concept de la dérivée matérielle pour le calcul des variations de la charge critique due aux variations dans la forme.

En 1996, Ohsaki et al. [78] ont proposé trois méthodes pour l'analyse de sensibilités de la charge critique de bifurcation d'un système conservatif soumis à un ensemble de charges symétriques et proportionnelles. La première méthode est conventionnelle, elle utilise une diagonalisation pour aboutir à une formule explicite des sensibilités. La seconde utilise un concept qui permet la recherche des sensibilités du facteur de charge, des déplacements et des modes propres sous la plus faible valeur propre de la matrice tangente. La dernière méthode permet la recherche des bonnes valeurs des sensibilités du facteur de charge, des déplacements et des modes de flambement d'un système symétrique. Les déplacements sont divisés en des parties symétriques et anti-symétriques. Ensuite seulement la déformation symétrique et le mode anti-symétrique de flambement sont incorporés pour éviter la singularité du système d'équations linéaires pour le calcul des sensibilités.

En 1997, Levent et al. [79] ont utilisé la méthode des éléments finis pour l'analyse de sensibilité de la réponse de friction de contact/impact des structures composées axisymétriques. Ils ont supposé que les structures se composent d'un nombre arbitraire de couches anisotropes homogènes parfaitement collées. Seulement de petits déplacements sont considérés et on assume que le matériel de chaque couche est hyperélastique. Les coefficients de sensibilité mesurent la sensibilité de la réponse aux variations des paramètres matériels de la structure.

En 1999, Grindeanu et al. [80] ont utilisé un procédé d'optimisation de forme pour les structures hyperélastiques. Ils ont utilisés deux méthodes de calcul de sensibilités, la méthode sans maillage et la méthode DSA avec extension par la méthode de pression projetée. Les conditions aux limites sont imposées en utilisant les multiplicateurs de Lagrange.

En 2000, Barthold et al. [81] ont traité le modèle constituant les contraintes élastiques incorporant un mécanisme d'endommagement isotrope qui a été développé par Simo en 1987. Ils ont additionné des perfections théoriques et informatiques pour utiliser ce modèle d'endommagement à la formulation variationnelle a l'élément pour l'optimisation. La réponse structurale et ses expressions de sensibilité à un moment donné dépendent de la réponse et des sensibilités de réponse de tous les endroits. Les expressions pour l'analyse variationnelle de sensibilité de conception dans la mécanique d'endommagement sont entièrement énoncées et liées au travail antérieur sur le comportement matériel, tel que l'élastoplasticité de Prandtl Reuss.

En 2001, Kim et al. [82] ont proposé une analyse de sensibilité pour la conception et l'optimisation de forme (DSA) de la dynamique des structures avec différences finies pour les matériaux élastoplastiques sous l'impact avec une surface rigide. Une variation de forme de la structure est considérée en utilisant l'approche de la dérivée matérielle. Ils ont utilisé un matériau hyperélastique. L'intégration implicite de Newmark est employée pour la dynamique structurale. La sensibilité est résolue à chaque itération, la même chose pour la matrice de rigidité. Le coût du calcul de sensibilité est plus efficace que le coût de l'analyse de réponse pour la méthode implicite d'intégration de temps. L'efficacité et l'exactitude de la méthode proposée sont montrées par l'optimisation de conception d'un butoir de véhicule.

En 2003, Nam et al. [83] ont étudié l'analyse de la sensibilité pour la conception d'un problème structural acoustique dans lequel la structure et le comportement acoustique sont accouplés. Une analyse en fréquence est employée pour obtenir la réponse dynamique de la structure. Ils ont comparé la méthode de différence finie et la méthode d'état adjoint pour le calcul de la sensibilité.

En 2004, Tanaka et al. [84] ont étudié l'optimisation de forme des structures qui présentent une forte non linéarité comme le caoutchouc. Cette méthode suit l'idée de la méthode de traction proposée par Azegami mais elle a été plus détaillée pour manipuler n'importe quels genres de non linéarité. Le matériau choisi est hyperélastique et suit la loi de Mooney- Rivlan. Le calcul de la sensibilité est réalisé par la méthode analytique en utilisant une formulation discrétisée.

En 2006, Choi et al. [85] ont développé l'optimisation de forme des coques élastoplastiques utilisant la méthode de maillage libre. Le calcul de la sensibilité est réalisé par la méthode (DSA) résolution continue de l'équation de sensibilité à chaque itération.

En 2007, Kemmler et al. [86] ont présenté une contribution sur l'influence des non linéarités géométriques sur le comportement structural dans le processus de conception. Ils ont utilisé l'optimisation topologique. Pour inclure les phénomènes d'instabilités dans le processus de conception, le niveau de charge critique sera déterminé directement ; cette condition est incluse comme contrainte d'inégalité. Pour réduire la sensibilité d'imperfection, ils ont utilisé une structure modifiée comprenant la forme d'imperfection.

En 2007, Kobelev [87] a traité l'influence de la petite perturbation structurale sur un système dynamique linéaire et non conservatif. Il a considéré comme caractéristiques structurales, les fréquences fondamentales, les charges critiques pour l'instabilité et le jeu d'analyse de sensibilité. L'approche utilisée pour le calcul de la sensibilité est la méthode d'état adjoint.

D'après cette étude bibliographique, on peut avoir comme synthèse que le calcul de la sensibilité par différentes méthodes est déjà réalisé depuis des années. La méthode exacte est réalisé par Hakim [34] qui a développé le calcul exacte seulement pour l'élément poutre telle que les variables d'optimisation sont les coordonnées des points de contrôles. Kim [82] a développé cette méthode sauf que les variables d'optimisations sont les propriétés matérielles de la structure. Pour cela nous allons développer la méthode exacte de calcul de la sensibilité telle que les variables d'optimisation sont les coordonnées des points de contrôles pour l'élément solide en déformations planes, contraintes planes et axisymétriques.

2.4.2.2. Différentes approches pour l'analyse de sensibilités

Comme il a été signalé précédemment, l'utilisation d'algorithmes numériques d'optimisation à base de programmation mathématique tels que ceux présentés au chapitre précédent nécessite le calcul des dérivées de la fonction objectif et des limitations par rapport aux variables d'optimisation. Ce calcul de dérivées est appelé généralement calcul de sensibilités.

En optimisation de structures, les méthodes basées sur les différences finies sont largement utilisées car leur implantation numérique est assez facile et rapide. On a implanté trois ordres pour le calcul de la sensibilité par la méthode des différences finies [90] qui sont les suivants :

- Méthode de différence finie d'ordre 1, notée par la suite (DF1) donnée par l'équation :

$$\frac{\partial f(v)}{\partial v_i} = \frac{f(v_{i+1}) - f(v_i)}{h} \qquad (2.6)$$

Avec :

$$h = 10^{-3}$$

- Méthode de différence finie d'ordre 2, notée par la suite (DF2) donnée par l'équation :

$$\frac{\partial f(v)}{\partial v_i} = \frac{3f(v_i) - 4f(v_{i-1}) + f(v_{i-2})}{2h} \qquad (2.7)$$

- Méthode de différence finie d'ordre 4, notée par la suite (DF4) donnée par l'équation :

$$\frac{\partial f(v)}{\partial v_i} = \frac{-f(v_{i+2}) + 8f(v_{i+1}) - 8f(v_{i-1}) + f(v_{i-2})}{12h} \tag{2.8}$$

Ces méthodes ont connu d'importantes améliorations dans leur utilisation pour les problèmes non linéaires, notamment la technique d'accélération du calcul des sensibilités [66] basée sur le stockage des valeurs de déformations à la fin de l'analyse non linéaire. Ainsi le calcul de chaque sensibilité se fait en partant de l'état stockée de déformation, donc seulement quelques itérations sont nécessaires pour atteindre l'équilibre de la structure perturbée.

Il reste cependant que ces méthodes présentent toujours deux grands inconvénients qui sont:

L'imprécision des valeurs de sensibilités, car ce ne sont que des approximations et elles dépendent beaucoup de la perturbation h.

Dans la famille des méthodes analytiques, deux approches sont possibles. Une première approche dite "continue" où le calcul des sensibilités est développé directement dans le cadre d'une formulation variationnelle. A la fin de la formulation analytique des gradients, on utilise la discrétisation en éléments finis afin d'évaluer les valeurs numériques. Cette technique présente l'inconvénient de nécessiter la cohérence des modèles continus et des discrétisations utilisées pour l'analyse d'une part, et pour le calcul de sensibilités d'autre part. La précision des sensibilités dépendra de la qualité du maillage utilisé. La deuxième approche dite "discrète", utilise une formulation discrétisée. Dans cette approche les sensibilités sont obtenues directement par dérivation des équations discrétisées. La mise en oeuvre numérique de cette approche est difficile, mais la précision des sensibilités est cohérente avec celle de la méthode des différences finies et ne dépend que du maillage utilisé pour la modélisation du problème. Cette approche a été utilisée par Hakim [34] seulement pour les éléments poutres. Nous avons utilisé cette méthode dans notre travail qui sera nommée par la suite méthode exacte. La figure 2.7 résume les différentes techniques d'évaluation des sensibilités. Cette méthode sera présenter avec détail respectivement dans le chapitre quatre pour les éléments solides en contraintes planes ou en déformations planes et dans le chapitre cinq pour les éléments axisymétriques. La troisième est la méthode semi analytique où le calcul des sensibilités se fait en utilisant la technique des différences finies.

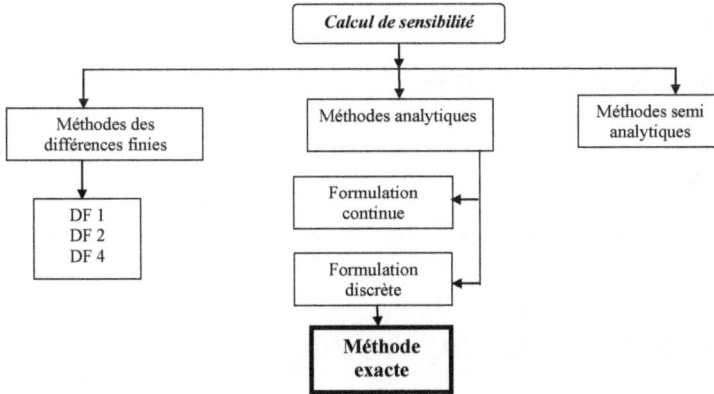

Figure 2.5: *Schéma des différentes approches de calcul des sensibilités.*

2.5 Optimisation de forme des structures formées d'éléments poutres

Dans cette section, on a voulu mettre en oeuvre une première application académique à l'optimisation de forme. La structure choisie est un portail maillé sur le pourtour par des éléments poutres. Les variables d'optimisation sont les points de contrôle des courbes B-splines d'ordre K=3 ou K=4. Le calcul de la sensibilité est réalisé par la méthode des différences finies. Dans ce qui suit, on va présenter un résumé de la formulation éléments finis et les résultats numériques. Le même exercice va être traité dans le chapitre 5 avec des éléments solides triangulaires en tenant compte de la non linéarité géométrique et avec un calcul exact de la sensibilité [5].

2.5.1 Formulation de l'élément poutre

On considère une poutre droite fléchissant dans un plan, en tenant compte de l'influence des déformations de cisaillement transversal (CT). Le modèle de poutre utilisé est celui de Timoshenko.

Ce modèle généralise les modèles plus classiques basés sur l'hypothèse de conservation des normales, Ils sont souvent associés aux noms de Bernoulli, Euler, Navier.

2.5.2 Expression du Principe des travaux virtuels

Le principe des travaux virtuels s'écrit sous la forme suivante :

$$G = G_{\text{int}} - G_{ext} = 0 \tag{2.6}$$

G_{int} et G_{ext} sont respectivement le travail virtuel des efforts internes et externes. Sous forme matricielle G s'écrit :

$$\boldsymbol{G} = \int_0^l \boldsymbol{e}^{*^T} \left(\boldsymbol{He} \right) dx - \int_0^l \boldsymbol{u}^{*^T} \boldsymbol{f} dx - \boldsymbol{u}^{*^T} \boldsymbol{F}_{sf} = \boldsymbol{0} \quad \forall \boldsymbol{u}^* \in \boldsymbol{U}_{ad} \tag{2.7}$$

Le premier terme de l'intégrale présente le travail virtuel des efforts internes, le second présente le travail virtuel des efforts externes avec e est le vecteur déformation de membrane de flexion et de cisaillement, $\boldsymbol{H}$ est la matrice de comportement élastique, $\boldsymbol{u}$ est le vecteur des degrés de liberté d'un élément, f est le vecteur des charges élémentaires et enfin $\boldsymbol{F}$ est le vecteur des charges globales.

La matrice de comportement élastique est écrite sous la forme suivante :

$$\boldsymbol{H} = \begin{bmatrix} H_m & H_{mf} & 0 \\ H_{mf} & H_f & 0 \\ 0 & 0 & H_c \end{bmatrix} \tag{2.8}$$

Les termes de cette matrice sont : H_m est la rigidité de membrane, H_f est la rigidité de flexion, H_c est la rigidité de cisaillement et H_{mf} est la rigidité de couplage membrane flexion qui sont définies par les équations suivantes :

$$H_m = \int_A E(x, z) dA$$

$$H_c = k.\int_A G(x,z)dA$$

$$H_{mf} = \int_A E(x,z).zdA$$

$$H_f = \int_A E(x,z).z^2 dA \qquad\qquad (2.9)$$

Concernant la rigidité de cisaillement, la valeur du coefficient de correction est $k = \dfrac{5}{6}$ pour une section rectangulaire.

L'élément étudié est un élément isoparamétrique à 2 nœuds avec une approximation C^0 pour u, w et β

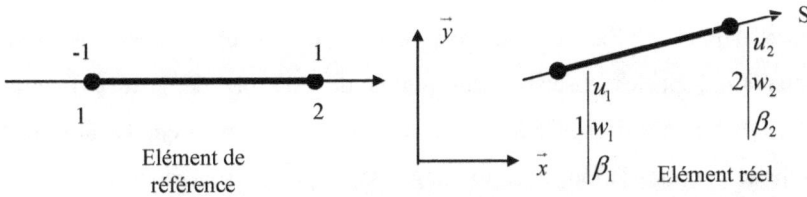

Figure 2.6: *Eléments de référence et réel.*

L'intégration sur la section de l'élément avec les approximations linéaires des déplacements permet d'exprimer le travail des efforts intérieurs sous une forme discrétisée (annexe 0):

$$G_{int} = u_n^{*T} K u_n \qquad\qquad (2.10)$$

D'où, la matrice de rigidité pour l'élément s'écrit sous la forme :

$$k = k_m + k_f + k_{mf} + k_c \qquad\qquad (2.11)$$

La matrice de rigidité de l'élément est calculée avec un seul point d'intégration.

Dans ce travail, on a utilisé un élément fini simple à deux nœuds pour l'étude des poutres en tenant compte des effets de cisaillement transversal, de membrane et de la flexion. Cet élément sera utilisé par la suite dans l'algorithme d'optimisation pour la discrétisation de la structure étudiée.

2.5.3 Optimisation de forme d'une structure portique

Dans le but de diminuer l'état de contrainte dans la structure à étudier, on a choisi la contrainte de Von Mises comme fonction objectif et la conservation de volume comme limitation. Leurs expressions seront exprimées respectivement par les relations suivantes :

$$f(v,U) = Min \frac{1}{2} \int_V \sigma_{eq}^2 dV \tag{2.12}$$

$$g = \int_V dV - V_0 = 0 \tag{2.13}$$

On considère la structure portique de section rectangulaire, encastrée à ses deux extrémités et soumise à une charge concentrée en son milieu sur sa face supérieure (figure 2.7). le matériau choisi est l'acier. Les variables d'optimisation sont les abscisses des points de contrôle de chaque poutre verticale. Les caractéristiques mécaniques et géométriques ainsi que les données du problème d'optimisation et le maillage de la poutre sont donnés dans le tableau 2.1

Caractéristiques mécaniques		Caractéristiques d'optimisation	
Dimension L*B*h	500*90*8 mm³	Nombre de pôles B-splines	n
Module de Young	$2.1 \, 10^5 \, MPa$	Ordre des B-splines	K=3
Coefficient de Poisson	0.3	Type de variable de conception	Pôles
Chargement	1000N	Direction active	x
Nombre de noeuds	16	$f_e = Lb \left[\frac{\left(\frac{N}{A} + \frac{hM}{2I}\right)^5 - \left(\frac{N}{A} + \frac{hM}{2I}\right)^5}{5\sigma_e^4 \frac{M}{I}} + \frac{384h \left(\frac{3T}{2A}\right)^4}{105\sigma_e^4} + \frac{9h\left(\frac{T}{A}\right)^2 \left[\left(\frac{2N}{A}\right)^2 + \left(\frac{hM}{\sqrt{3}.I}\right)^2\right]}{5\sigma_e^4} \right]$	

Tableau 2.1: *Caractéristiques de la poutre, maillage et définition du problème d'optimisation*

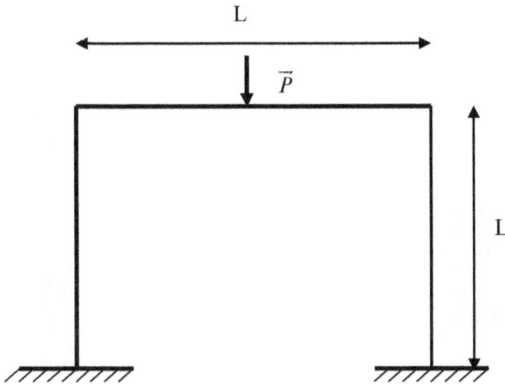

Figure 2.7: *Structure formée de trois poutres en forme de U.*

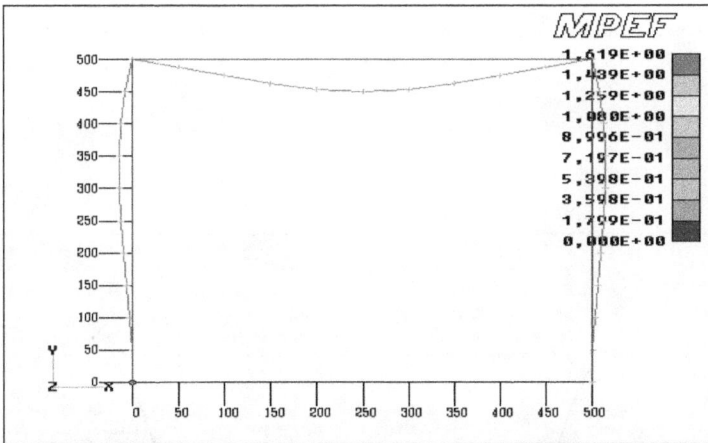

Figure 2.8: *Déformée de la structure et distribution de la contrainte de Von Mises avant optimisation.(MPa)*

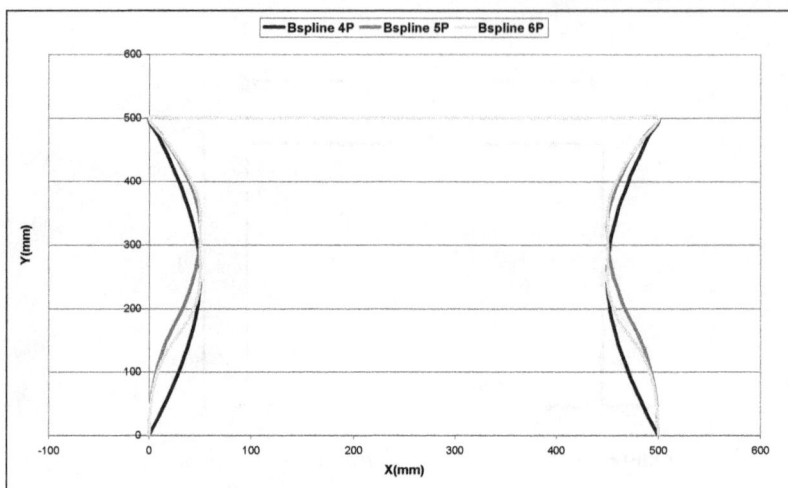

Figure 2.9: *Evolution de la forme de la structure avec une paramétrisation par B-spline d'ordre K=3.*

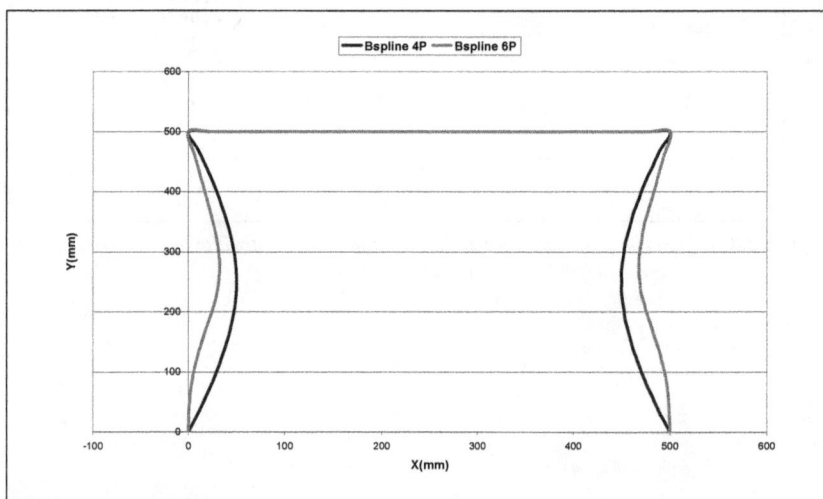

Figure 2.10: *Evolution de la forme de la structure avec une paramétrisation par B-spline d'ordre K=4.*

Les figures 2.9 et 2.10 présentent l'évolution de la forme de la structure avec une paramétrisation par B-spline d'ordre K=3 et K=4. Avec la paramétrisation B-spline d'ordre K=3, on remarque que le nombre de points de contrôle n'influe pas sur la forme finale optimisée de la structure, tandis que l'utilisation des B-splines d'ordre K=4 affecte une légère variation sur la forme finale de la structure. L'utilisation de six points de contrôle aboutit à la meilleure forme.

Conclusion

L'approche décrite dans cette partie de travail est constituée de :

- Une discrétisation par éléments finis de type poutre isotrope tenant compte des effets de membrane, flexion et cisaillement transversal.

- Une formulation du problème d'optimisation avec une fonction objectif qui peut être la contrainte de Von Mises ou le volume de la structure. le matériau choisie est isotrope.

- Une estimation des gradients de la fonction objectif et des limitations d'optimisation par une technique numérique basée sur la méthode des différences finies.

Cette approche nous permettra d'élargir le travail pour :

- L'optimisation de forme des structures en présence de non linéarité géométrique et matérielle.

- L'utilisation des éléments solides en contraintes planes, déformations planes et axisymétriques dans le calcul exact du jacobien.

- L'utilisation du maillage automatique dans le cas bidimensionnelle.

- L'optimisation de forme des structures bi et tridimensionnelle.

Ces points vont être développés dans les chapitres suivants.

Le chapitre 3 présente tous les détails de la formulation non linéaire des structures hyperélastiques.

Chapitre 3

Formulation non linéaire des structures hyperélastiques

Sommaire

Formulation non linéaire des structures hyperélastiques

3.1 Introduction

Ce chapitre fait le point sur les modélisations fréquemment proposées pour considérer des aspects de comportement des matériaux en petites et grandes déformations. La méthode des éléments finis est l'approche qu'on a utilisée dans notre travail. Elle consiste à calculer après discrétisation du système en éléments finis, les variables inconnues pour transformer les équations aux dérivées partielles en équations algébriques. Ces équations aux dérivées partielles peuvent être modélisées, moyennant des hypothèses simplificatrices en tenant compte des problèmes de la mécanique des solides [96].

Ce chapitre traitera la formulation des champs d'équations sous forme de principes et des méthodes variationnelles. Une étude sur la démarche de mesure des déformations sera présentée afin de calculer les tenseurs droit et gauche de Cauchy-Green dans le cas d'un matériau hyperélastique. Ce chapitre terminera par une formulation élément finis dans la description spatiale et matérielle.

3.2 Détermination des déformations

Lorsque les composantes du gradient de déplacement ne sont pas faibles comparées à l'unité, on doit recourir aux formulations en grandes déformations. Si la déformation d'un corps varie avec le temps, l'étude du mouvement sera prise en considération. Il ne sera pas nécessaire d'introduire l'indépendance du temps au cours de la formulation. Dans les paragraphes qui suivent, la déformation sera considérée dépendant seulement de la position du corps.

Pour décrire la déformation d'un corps, on peut se référer soit à la configuration de référence, soit à la configuration déformée. Suivant l'application, les deux approches peuvent être utiles. Une formulation reportée à la configuration de référence est habituellement considérée en élasticité.

Chaque fois que la notation indicielle est utilisée, les lettres en minuscule se sont reportées à la configuration déformée, et celles en majuscule se sont reportées à la configuration de référence.

La configuration déformée et celle de référence sont liées par la relation suivante :

$$x = X + u \tag{3.1}$$

Où u désigne le vecteur déplacement.

X désigne le vecteur position d'un point du corps à la configuration de référence.

Le gradient de déformation F, est défini par :

$$F_{ij} = \frac{\partial x_i}{\partial X_j} \tag{3.2}$$

La représentation indicielle du gradient de déformation F dans le cas tridimensionnel est sous la forme :

$$F_{ij} = \frac{\partial x_i}{\partial X_j} = \begin{bmatrix} \dfrac{\partial x_1}{\partial X_1} & \dfrac{\partial x_1}{\partial X_2} & \dfrac{\partial x_1}{\partial X_3} \\[2mm] \dfrac{\partial x_2}{\partial X_1} & \dfrac{\partial x_2}{\partial X_2} & \dfrac{\partial x_2}{\partial X_3} \\[2mm] \dfrac{\partial x_3}{\partial X_1} & \dfrac{\partial x_3}{\partial X_2} & \dfrac{\partial x_3}{\partial X_3} \end{bmatrix} \tag{3.3}$$

Le gradient de déformation F peut être exprimé sous la forme suivante :

$$F = I + Grad(u) \tag{3.4}$$

Avec :

$$Grad\left(\boldsymbol{u}\right) = \begin{bmatrix} \dfrac{\partial u_1}{\partial X_1} & \dfrac{\partial u_1}{\partial X_2} & \dfrac{\partial u_1}{\partial X_3} \\[2ex] \dfrac{\partial u_2}{\partial X_1} & \dfrac{\partial u_2}{\partial X_2} & \dfrac{\partial u_2}{\partial X_3} \\[2ex] \dfrac{\partial u_3}{\partial X_1} & \dfrac{\partial u_3}{\partial X_2} & \dfrac{\partial u_3}{\partial X_3} \end{bmatrix} \tag{3.5}$$

Dans le cas bidimensionnelle en contraintes planes et en déformations planes le gradient de déformation est défini par :

$$\boldsymbol{F}_{ij} = \begin{bmatrix} \dfrac{\partial x_1}{\partial X_1} & \dfrac{\partial x_1}{\partial X_2} \\[2ex] \dfrac{\partial x_2}{\partial X_1} & \dfrac{\partial x_2}{\partial X_2} \end{bmatrix} \tag{3.6}$$

Dans le cas axisymétrique, ce tenseur sera défini par :

$$\boldsymbol{F}_{ij} = \begin{bmatrix} \dfrac{\partial x_1}{\partial X_1} & \dfrac{\partial x_1}{\partial X_2} & 0 \\[2ex] \dfrac{\partial x_2}{\partial X_1} & \dfrac{\partial x_2}{\partial X_2} & 0 \\[2ex] 0 & 0 & \dfrac{r_1}{r_I} \end{bmatrix} \tag{3.7}$$

Tel que r_I et r_1 sont respectivement les rayons dans la configuration initiale C^I et la configuration déformée C^1.

Le gradient de déformation contient à la fois l'effet d'élongation et l'effet de rotation. Il considère donc le déplacement du corps rigide comme étant un cas spécial. Pour s'assurer que toute fonction de $\boldsymbol{F}$ est indépendante de la rotation du corps rigide, la dépendance doit être introduite avec soin. Soit J le jacobien de déformation défini par :

$$J \;=\; det\,\boldsymbol{F} \tag{3.8}$$

Dans le cas d'une déformation à volume constant, le jacobien de déformation est égal à l'unité $J = 1$. Physiquement J peut être interprété comme étant le taux de changement de volume d'un élément du corps déformé par rapport à un élément non déformé du corps.

Les tenseurs droit et gauche de déformation de Cauchy-Green, sont définis par :

$$C = F^T F, \qquad b = FF^T \tag{3.9}$$

Les valeurs propres de C et b sont les carrées des élongations principales : λ_1, λ_2 et λ_3.

3.3 Hyperélasticité

La propriété générale des matériaux élastiques impose que la contrainte en un point $x = \varphi(X)$ est fonction uniquement du gradient de déformation F. De ce fait, la contrainte est indépendante du temps, sauf si F varie avec le temps (par hypothèse : F est pris indépendant du temps). Suite à une évolution de la contrainte, la réponse du matériau ne se présente que sous forme d'un changement de configuration. Cette indifférence du matériau est due au changement de configuration dans l'espace et dans le temps.

Pour un matériau hyperélastique et en tenant compte de la définition ci-dessus, il vient de s'ajouter une fonction scalaire à partir de laquelle la contrainte peut être dérivée en tout point de X du matériau.

Chaque symétrie matérielle doit restreindre la façon de dépendance de l'énergie de déformation en C. Il existe particulièrement, un groupe de transformation souvent appelé le groupe de symétrie matérielle. Une transformation d'un tel groupe laisse invariable la fonction énergie de déformation. Ces types de transformations peuvent avoir des axes de symétries au sein du matériau.

3.3.1 Hyperélasticité isotrope

Les matériaux hyperélastiques sont caractérisés par une grande déformabilité. Ils ont un comportement fortement non linéaire et la réponse en contrainte dépend de l'état de déformation.

Il existe deux approches adoptées pour la représentation du comportement des matériaux hyperélastiques : le concept général de la mécanique statique macromoléculaire, et celui de la mécanique des milieux continus qui est phénoménologique. Les matériaux hyperélastiques isotropes sont modélisés par une fonction densité d'énergie élastique W, fonction des dilatations (ou élongation) principales λ_1, λ_2 et λ_3 ou des invariants principaux I_1, I_2 et I_3 du tenseur de dilatation C. De nombreux auteurs ont adopté cette approche phénoménologique, nous donnons ici les densités les plus répandues.

(Rivilin, 1948-1949) a proposé une forme polynomiale de densité d'énergie dans le cas de milieu incompressible ($I_3 = 1$):

$$W\left(I_1, I_2\right) = \sum_{m,n} C_{mn}\left(I_1 - 3\right)^m \left(I_2 - 3\right)^n, \tag{3.10}$$

Avec C_{mn} sont des paramètres propres au matériau, l'expression au premier ordre est donnée par:

$$W\left(I_1, I_2\right) = C_{10}\left(I_1 - 3\right) + C_{01}\left(I_2 - 3\right)$$
(3.11)

Nous pouvons cités aussi le modèle d'Ogden (1972), où la fonction énergie W est écrite sous la forme d'une série des dilatations principales λ_1, λ_2 et λ_3 :

$$W\left(\lambda_1, \lambda_2, \lambda_3\right) = \sum_{n=1}^{m} \frac{\mu_n}{\alpha_n}\left(\lambda_1^{\alpha_n} + \lambda_2^{\alpha_n} + \lambda_3^{\alpha_n} - 3\right), \tag{3.12}$$

Les paramètres μ_n et α_n sont des caractéristiques du matériau.

Le modèle néo-Hookéen se présente sous la forme :

$$W = \frac{1}{2}\mu(I_1 - 3) - \mu Log(J) + U(J)$$ (3.13)

La fonction $U(J)$ peut prendre l'une des quatre expressions suivantes :

- $U(J) = \frac{\lambda}{2}(LogJ)^2$

- $U(J) = \frac{\lambda}{2}(J - 1)^2$

- $U(J) = \frac{\lambda}{4}(J^2 - 1 - 2LogJ)$

- $U(J) = \lambda(J - 1 - LogJ)$ (3.14)

D'autres modèles de la fonction densité d'énergie sont postulés. Par exemple, (RIVLIN et SUNDERS 1951) proposent une forme plus générale :

$$W_{isot} = \alpha_1\left(I_1 - 3\right) + \Phi\left(I_2 - 3\right)$$
(3.15)

Où Φ est une fonction du deuxième invariant et qui varie suivant le matériau. Plusieurs approximations polynomiales de ce terme ont été proposées.

La propriété d'isotropie est basée sur la réponse d'un matériau étudié qui est la même en toute direction.

Un matériau hyperélastique est isotrope lorsque la valeur de la fonction énergie de déformation $W(F)$ *et* $W(F^*)$ est la même pour tout tenseur orthogonal Q (avec $F^* = FQ^T$) :

$$W(F) = W(F^*) = W(FQ^T)$$ (3.16)

L'observation de la déformation imposée sur un corps élastique pour toute configuration initiale en translation ou en rotation, nous donne la même valeur de la fonction énergie de déformation. Alors le matériau est dit isotrope si c'est le contraire le matériau est dit anisotrope.

Rappelons que la fonction de l'énergie de déformation peut avoir la forme $W(F) = W(C)$. L'ajout de la propriété d'isotropie donne une autre forme qui peut s'écrire de la manière suivante :

$$W(C) = W(C^*) = W(F^{*T}F^*) \tag{3.17}$$

Un résultat important de l'isotropie est introduit en substituant le tenseur orthogonal Q par le tenseur de rotation R vérifiant $b = RCR^T$:

$$W(C) = W(b) \tag{3.18}$$

La fonction d'énergie de déformation $W(C) = W(b)$ peut être exprimée en fonction des invariants de déformation des tenseur symétriques de Cauchy-Green C et b, notés : $I_a(C)$ et $I_a(b)$, a=1,2,3. Cette fonction d'énergie peut s'écrire sous la forme :

$$W = W\big[I_1(C), I_2(C), I_3(C)\big] = W\big[I_1(b), I_2(b), I_3(b)\big] \tag{3.19}$$

Comme C et b possèdent les mêmes valeurs propres et sont les carrées des élongations principales λ_a^2, a=1, 2, 3 ; on conclue que :

$$I_1(C) = I_1(b)$$

$$I_2(C) = I_2(b)$$

$$I_3(C) = I_3(b) \tag{3.20}$$

Les trois invariants sont donnés par:

$$I_1(C) = tr\, C = \lambda_1^2 + \lambda_2^2 + \lambda_3^2 \tag{3.21}$$

$$I_2(C) = \frac{1}{2}\Big[(tr\, C)^2 - (tr\, C^2)\Big] = \lambda_1^2\lambda_2^2 + \lambda_1^2\lambda_3^2 + \lambda_2^2\lambda_3^2 \tag{3.22}$$

$$I_3(C) = det\, C = \lambda_1^2\lambda_2^2\lambda_3^2 \tag{3.23}$$

3.4 Équations d'équilibre mécanique

La méthode des éléments finis nécessite une formulation des lois d'équilibre sous la forme de principes variationels.

Une des lois fondamentales d'équilibre mécanique est l'introduction de la 1ère équation de Cauchy de mouvement en statique, et qui peut s'écrire dans la description spatiale, sous la forme suivante :

$$J.div(\tau/J) + \mathbf{f}_v = 0 \tag{3.24}$$

L'équation (3.24) peut s'écrire aussi sous la forme :

$$J.div(\sigma) \;+\; \mathbf{f}_v \;=\; 0 \tag{3.25}$$

Soit une fonction du tenseur de contraintes de Kirchhoff τ, soit une fonction du tenseur de contraintes de Cauchy σ. J est le déterminant du gradient de déformation ($J = det\ \mathbf{F}$).

$\mathbf{f}_v$ représente les charges par unité de volume appliqué sur le domaine du solide Ω.

Dans la description matérielle, la première équation de Cauchy de mouvement en statique s'écrit :

$$Div(\mathbf{P}) \;+\; \mathbf{F}_v \;=\; 0 \tag{3.26}$$

$\mathbf{P}$ et $\mathbf{F}_v$ représentent respectivement le premier tenseur de contraintes de Piola-Kirchhoff et la force appliquée au corps par unité de volume rapporté à la configuration de référence.

La solution d'un problème statique en un point d'un corps continu dépend uniquement de la donnée des conditions aux limites.

Une solution analytique d'un problème non linéaire en statique est uniquement possible pour quelques cas spéciaux. Par conséquent, on fait recours aux principes variationels. En se basant sur ces principes, une solution approximée peut être déduite en utilisant la méthode des éléments finis.

3.5 Description spatiale

3.5.1 Principe des travaux virtuels en description spatiale

Dans le but de développer le principe des travaux virtuels dans la description spatiale, on commence par l'équation d'équilibre (3.24) ou (3.25). Nous multiplions cette équation par un vecteur arbitraire (fonction test) de déplacement virtuel δu défini sur la configuration actuelle du corps et nous intégrons le tout sur le domaine v. Nous pouvons écrire l'équation de mouvement sous une autre forme intégrale :

$$\int_v \left(J.div(\boldsymbol{\sigma}) + \mathbf{f}_v \right) \delta u\, dv = 0 \quad \forall\ \delta u \in U_{ad} \tag{3.27}$$

L'équation (3.27), est connue sous le nom de *forme forte* ou *forme intégrale* de l'équation de mouvement relative à la configuration actuelle. Elle peut être développée en utilisant les formules d'intégration par partie, et on aura ainsi la forme faible écrite sous la forme :

$$G = \int_v \nabla \delta u : \boldsymbol{\sigma}\, dv - G_{ext}(\delta u) = 0 \quad \forall\ \delta u \in U_{ad} \tag{3.28}$$

Où δu est le vecteur de déplacement virtuel, et G_{ext} est le travail virtuel des efforts extérieurs vérifiant :

$$G_{ext} = \int_v \mathbf{f}_v \cdot \delta u\, dv + \int_{\partial v} \bar{t} \cdot \delta u\, ds \tag{3.29}$$

Où $\mathbf{f}_v$ et $\bar{t}$ sont les efforts appliqués sur le corps respectivement volumiques et surfaciques relatifs à la description spatiale.

En introduisant le tenseur des contraintes de Kirchhoff, $\tau = J\sigma$ nous pouvons rapporter la relation (3.28) sur la configuration de référence sous la forme :

$$G = \int\limits_{V} \nabla \delta u : \tau dV - G_{ext}(\delta u) = 0 \tag{3.30}$$

Où dV est l'élément de volume dans la configuration initiale. Soit dv_e l'élément de volume dans la configuration déformée avec $dv_e = JdV$. Le tenseur des contraintes de Kirchhoff τ est obtenu à partir d'une loi de comportement hyperélastique :

$$\tau = 2\frac{\partial W}{\partial b}b \tag{3.31}$$

Où W est la fonction énergie libre d'Helmoltz, et b le tenseur gauche de déformation de Cauchy.

Le principe variationel, que ce soit dans la forme spatiale (3.28), (3.30) ou la forme matérielle, est généralement non linéaire par rapport à l'inconnu. Dans notre cas le vecteur champ de déplacement est u. Typiquement, ces non linéarités sont dus à des contributions géométriques et matérielles, c'est à dire, la contribution cinématique du corps et des équations constitutives du matériau.

3.5.2 Linéarisation du principe des travaux virtuels dans une description spatiale

Dans le but de linéariser le principe des travaux virtuels dans une description spatiale, nous rappelons l'équation (3.30) dont la linéarisation peut s'exprimer par :

$$LG = G_{ref} + DG\Delta u \tag{3.32}$$

Avec $DG\Delta u$ est développé en deux parties matérielle et géométrique :

$$DG \cdot \Delta u = D_M G \cdot \Delta u + D_G G \cdot \Delta u \tag{3.33}$$

Où $D_M G\Delta u$ et $D_G G\Delta u$ représente respectivement les parties matérielle et géométrique données par les relations suivantes :

$$D_M G \cdot \Delta u \;=\; \int_V \nabla(\delta u) : \frac{1}{J} \, c : \nabla(\Delta u) \, dV \tag{3.34}$$

$$D_G G \cdot \Delta u \;=\; \int_V \nabla(\delta u) : \nabla(\Delta u) \, \tau \, dV \tag{3.35}$$

Où c est le module tangent spatial défini par :

$$c = 4b \frac{\partial^2 W}{\partial b \partial b} b \tag{3.36}$$

Où W est la fonction énergie libre d'Helmoltz, et b le tenseur gauche de déformation de Cauchy.

3.6 Description matérielle

3.6.1 Principe des travaux virtuels en description matérielle

Nous exprimons maintenant le principe des travaux virtuels en terme de variables matérielles. Nous supposons une configuration de référence Ω_0 du corps continu. Nous rappelons l'équation d'équilibre statique en description matérielle :

$$div(P) + F_v = 0 \tag{3.37}$$

L'équation (3.37) est fonction de P et F_v. Elle représente le premier tenseur de contraintes de Piola-Kirchhoff et la force appliquée au corps par unité de volume rapporté à la configuration de référence.

La forme matérielle du principe variationel peut être écrite sous la forme :

$$G \;=\; \int_V P : \nabla \delta u \, dV \;-\; G_{ext}(\delta u) \;=\; 0 \quad \forall \, \delta u \in U_{ad} \tag{3.38}$$

Où le vecteur de déplacement virtuel δu est défini à la configuration de référence, et G_{ext} est le travail virtuel des efforts extérieurs qui vérifie la relation suivante :

$$G_{ext} \;=\; \int_V F_v \cdot \delta u \, dV \;+\; \int_{\partial V} \overline{T} \cdot \delta u \, dS \tag{3.39}$$

Où F_v et $\overline{T}$ sont les efforts appliqués sur le corps, respectivement volumique et surfaciques relatives à la description matérielle.

Une autre forme de ce principe utilise le deuxième tenseur de contraintes de Piola-Kirchhoff S, qui est défini par :

$$G = \int_V S : \delta E dV - G_{ext}(\delta u) = 0 \tag{3.40}$$

Où δE représente le tenseur de déformation virtuel de Green-Lagrange, vérifiant : $\delta E = \frac{1}{2}\delta C$.

Le deuxième tenseur de contraintes de Piola-Kirchhoff S, est obtenu à partir d'une loi de comportement hyperélastique:

$$S = 2\frac{\partial W}{\partial C} \tag{3.41}$$

Où W est la fonction énergie libre d'Helmoltz. et C est le tenseur droit de déformation de Cauchy.

3.6.2 Linéarisation du principe des travaux virtuels dans une description matérielle

Dans le but de linéariser le principe des travaux virtuels dans la description matérielle, rappelons l'équation (3.35). La linéarisation de la forme (3.35) peut s'exprimer par :

$$LG = G_{ref} + DG\Delta u \tag{3.42}$$

Avec (3.42) est développé en deux parties matérielle et géométrique :

$$DG\Delta u = D_M G\Delta u + D_G G\Delta u \tag{3.43}$$

Où $D_M G\Delta u$ et $D_G G\Delta u$ représente respectivement les parties matérielle et géométrique données respectivement par les relations suivantes :

$$D_M G \cdot \Delta u \ = \ \int_V F^T \nabla (\delta u) \ : \ \mathbb{C} : F^T \nabla (\Delta u) dV \tag{3.44}$$

$$D_G G \cdot \Delta u \ = \ \int_V \nabla (\delta u) : \nabla (\Delta u) S dV \tag{3.45}$$

Où $\mathbb{C}$ est le module tangent matériel défini par :

$$\mathbb{C} = 4 \frac{\partial^2 W}{\partial C \partial C} \tag{3.46}$$

Où W est la fonction énergie libre d'Helmoltz et C est le tenseur droit de déformation de Cauchy.

Les relations (3.44), (3.45) et (3.34), (3.35) sont linéaires par rapport à δu et Δu. Les termes (3.44) et (3.34) représentent la contribution géométrique en contrainte à la linéarisation. Alors que les termes (3.45) et (3.35) représentent la contribution matérielle.

Le principe de linéarité des travaux virtuels (3.43) (ou sous la forme (3.42)) constitue le point de départ pour la technique d'approximation utilisant la méthode des éléments finis.

3.7 Formulation éléments finis

Dans cette partie, nous examinons l'aspect de l'analyse numérique impliquée dans l'implémentation en éléments finis de la formulation variationelle développée dans les paragraphes précédents. En premier lieu, nous présentons une représentation matricielle des équations développées précédemment et en second lieu, nous discutons l'interpolation en éléments finis.

3.7.1 Approximation par éléments finis

Dans ce paragraphe, nous faisons une approximation par éléments finis du modèle déplacement présenté précédemment.

Considérons le triangle à trois nœuds pour les applications en 2D schématisés par la figure suivante :

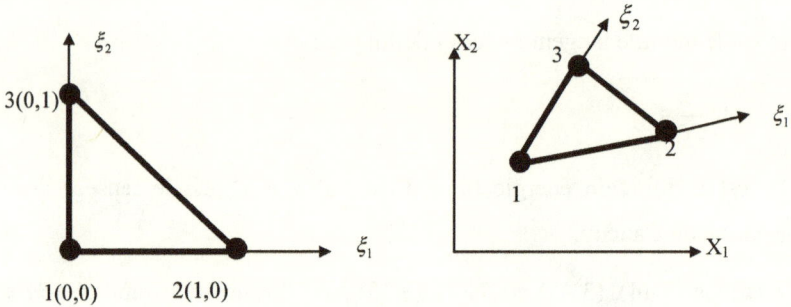

Figure 3.1: *Elément à trois nœuds.*

Considérons l'approximation suivante sur un élément :

$$X = \sum_{I=1}^{nnode} N^I X_I, \qquad u = \sum_{I=1}^{nnode} N^I u_I, \qquad \delta u = \sum_{I=1}^{nnode} N^I \delta u_I \qquad (3.47)$$

Ou *nnode* est le nombre de nœuds de l'élément, dans le cas d'un élément triangulaire *nnode* est égale à trois; et X_I, u_I, δu_I sont respectivement le vecteur position nodal de référence, le vecteur déplacement nodal et le vecteur variation de déplacement nodal. Les N^I sont les fonctions d'interpolation isoparamètrique standard associées aux nœuds *I*. Pour un triangle à trois noeuds, ces fonctions s'écrivent sous la forme suivante :

$$N^T = \langle 1-\xi-\eta \quad \xi \quad \eta \rangle \qquad (3.48)$$

Pour un quadrilatère, les fonctions d'interpolation isoparamètrique s'écrivent sous la forme suivante :

$$N^I = \tfrac{1}{4}\left(1+\xi_1\xi_1^I\right)\left(1+\xi_2\xi_2^I\right) \qquad (3.49)$$

Où $\left(\xi_1^I, \xi_2^I\right)$ sont les coordonnées des nœuds du cube de référence figure 3.1.

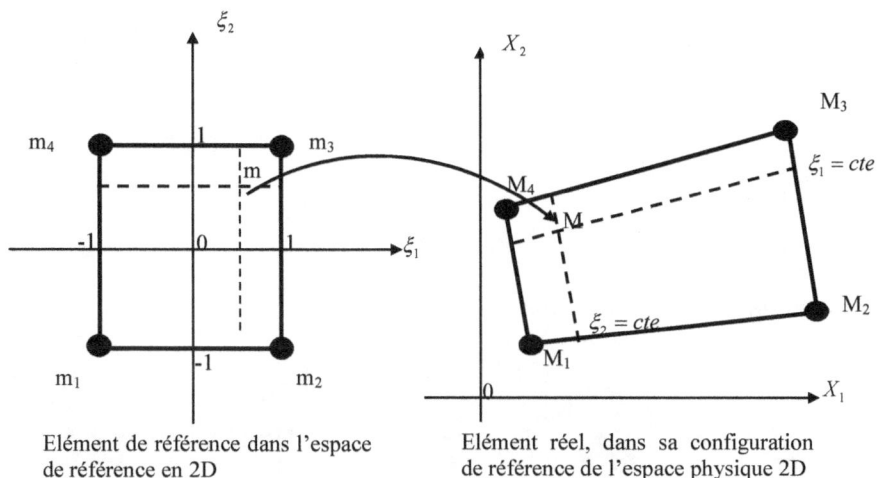

Elément de référence dans l'espace   Elément réel, dans sa configuration
de référence en 2D   de référence de l'espace physique 2D

Figure 3.2: *Elément de référence et réel pour le quadrilatère à 4 Nœuds.*

3.7.2 Formulation éléments finis spatiale

Pour la résolution par la méthode des éléments finis, nous utilisons les notations matrices/vecteurs. Une représentation matricielle est facile à programmer sur l'ordinateur.

Nous adoptons alors les conventions suivantes pour le vecteur δu, le tenseur des contraintes de Kirchhoff τ et l'opérateur symétrique $sym\nabla(\partial u)$

$$\delta \boldsymbol{u}^T = \begin{bmatrix} \delta u_1 & \delta u_2 & \delta u_3 \end{bmatrix} \tag{3.50}$$

$$\boldsymbol{\tau}^T = \begin{bmatrix} \tau_{11} & \tau_{22} & \tau_{33} & \tau_{12} & \tau_{13} & \tau_{23} \end{bmatrix} \tag{3.51}$$

$$sym\nabla(\partial u) = \boldsymbol{B}\delta \boldsymbol{u} \tag{3.52}$$

Où la matrice opérateur différentiel de déformation $\boldsymbol{B}$ est définie par :

$$B = \begin{bmatrix} e_1^T (.)_{,1} \\ e_2^T (.)_{,2} \\ e_3^T (.)_{,3} \\ e_1^T (.)_{,2} + e_2^T (.)_{,1} \\ e_1^T (.)_{,3} + e_3^T (.)_{,1} \\ e_2^T (.)_{,3} + e_3^T (.)_{,2} \end{bmatrix} \tag{3.53}$$

Les vecteurs e_i sont la base dans $\Re^3$:

$$e_1 = \begin{bmatrix} 1 & 0 & 0 \end{bmatrix}^T \; , \quad e_2 = \begin{bmatrix} 0 & 1 & 0 \end{bmatrix}^T \; , \quad e_3 = \begin{bmatrix} 0 & 0 & 1 \end{bmatrix}^T \tag{3.54}$$

Avec ces notations matricielles, la forme faible peut s'écrire aussi sous la forme suivante :

$$G = \int_V (B\delta u)^T \tau dV - G_{ext}(\delta u) = 0 \tag{3.55}$$

Le gradient matériel des fonctions d'interpolation N^I peut être obtenu par dérivation successive et s'écrit sous la forme :

$$Grad_X N^I = j \, Grad_\xi N^I, \qquad j = J^{-T} \tag{3.56}$$

Où $J = D\chi$ est le jacobien de la transformation isoparamètrique $\chi : \xi \to X$:

$$J = \frac{\partial X}{\partial \xi} = \sum_{I=1}^{nnode} X_I \otimes Grad_\xi N^I \tag{3.57}$$

Le gradient de déformation s'écrit alors sous sa nouvelle forme :

$$F = I + \sum_{I=1}^{nnode} u_I \otimes Grad_x N^I \tag{3.58}$$

Ce gradient de déformation constitue la variable cinématique fondamentale dans le calcul des contraintes de Kirchhoff et du module tangent. Le gradient spatial des fonctions d'interpolation peut être obtenu alors par dérivation successive :

$$Grad_x N^I = F^{-T} Grad_X N^I = F^{-T} J^{-T} Grad_\xi N^I \tag{3.59}$$

En se servant de ce gradient spatial des fonctions d'interpolation, l'opérateur différentiel continu devient pour un nœud (I) :

$$B^I = \begin{bmatrix} e_1^T N_{,1}^I \\ e_2^T N_{,2}^I \\ e_3^T N_{,3}^I \\ e_1^T N_{,2}^I + e_2^T N_{,1}^I \\ e_1^T N_{,3}^I + e_3^T N_{,1}^I \\ e_2^T N_{,3}^I + e_3^T N_{,2}^I \end{bmatrix}$$

(3.60)

Ce qui permet de calculer le résidu et la matrice tangente matérielle et géométrique :

$$G_{in}^I = \int_V B^{I^T} \tau dV$$

(3.61)

$$K_m^{IJ} = \int_V B^{I^T} \boxdot B^J dV$$

(3.62)

$$K_g^{IJ} = \left(\int_V \left(N_{,i}^I \tau_{ij} N_{,j}^J dV \right) \right) I$$

(3.63)

L'algorithme des opérations nécessaires, pour le calcul des résidus et matrice tangente dans le cas spatial, est donné par le tableau 3.1.

Boucle sur les points d'intégration :

Fonction d'interpolation et dérivée paramétrique :

$$N^I, \quad Grad_\xi N^I$$

Jacobien, son déterminant et son inverse :

$$J = \begin{bmatrix} X_{,\xi} & X_{,\eta} & X_{,\varsigma} \end{bmatrix}, \quad J = det(\boldsymbol{J}), \quad j = \boldsymbol{J}^{-T}$$

Gradient matériel des fonctions d'interpolation

$$Grad_X N^I = \boldsymbol{j} \, Grad_\xi N^I$$

Gradient de déformation :

$$\boldsymbol{F} = \boldsymbol{I} + \sum_{I=1}^{nnode} \boldsymbol{u}_I \otimes Grad_X N^I$$

Contrainte et loi de comportement :

$$\boldsymbol{\tau} \;=\; 2\frac{\partial W}{\partial \boldsymbol{b}} \boldsymbol{b}$$

$$\mathbb{C} = 4\boldsymbol{b} \frac{\partial^2 W}{\partial \boldsymbol{b} \partial \boldsymbol{b}} \boldsymbol{b}$$

Gradient spatial des fonctions d'interpolation :

$$Grad_x N^I = \boldsymbol{F}^{-T} Grad_X N^{I^I}$$

Résidu et matrice tangente

$$\boldsymbol{G}_{in}^I \;=\; \int_V \boldsymbol{B}^{I^T} \boldsymbol{\tau} dV$$

$$\boldsymbol{K}_m^{IJ} \;=\; \int_V \boldsymbol{B}^{I^T} \mathbb{C} \, \boldsymbol{B}^J dV \qquad , \qquad \boldsymbol{K}_g^{IJ} \;=\; \left(\int_V N_{,i}^I \, \tau_{ij} \, N_{,j}^J \, dV \right) \boldsymbol{I}$$

Fin de la boucle

Tableau 3. 1 : *Algorithme de l'Elément en déplacement spatial (grandes déformations).*

3.7.3 Formulation éléments finis matérielle

En se basant sur la description matérielle, l'opérateur différentiel continu devient pour un nœud (I), avec $x = X + u$:

$$B^I = \begin{bmatrix} \mathbf{x}_{,1}^T \, N_{,1}^I \\ \mathbf{x}_{,2}^T \, N_{,2}^I \\ \mathbf{x}_{,3}^T \, N_{,3}^I \\ \mathbf{x}_{,1}^T \, N_{,2}^I + \mathbf{x}_{,2}^T \, N_{,1}^I \\ \mathbf{x}_{,1}^T \, N_{,3}^I + \mathbf{x}_{,3}^T \, N_{,1}^I \\ \mathbf{x}_{,2}^T \, N_{,3}^I + \mathbf{x}_{,3}^T \, N_{,2}^I \end{bmatrix}$$

(3.64)

Où $(\cdot)_{,i}$, $i = 1,3$ sont des dérivations matérielles.

Ce qui permet de calculer le résidu et la matrice tangente matérielle et géométrique :

$$G_{in}^I = \int_V B^{I^T} S dV$$

(3.68)

$$K_g^{IJ} = \left(\int_V N_{,i}^I \, S_{ij} \, N_{,j}^J \, dV \right) I$$

(3.69)

L'algorithme des opérations nécessaires pour le calcul des résidus dans le cas matériel, est donné par le tableau 3.2.

Boucle sur les points d'intégration :

Fonction d'interpolation et dérivés paramétrique :

$$N^I \quad , \quad Grad_\xi \, N^I$$

Jacobien, son déterminant et son inverse :

$$J = \lfloor X_{,\xi} \quad X_{,\eta} \quad X_{,\varsigma} \rfloor, \quad J = det(J), \quad j = J^{-T}$$

Gradient matériel des fonctions d'interpolation

$$Grad_X N^I = j \, Grad_\xi N^I$$

Gradient de déformation :

$$F = I + \sum_{I=1}^{nnode} u_I \otimes Grad_x N^I$$

Contrainte et loi de comportement :

$$S \;\; = \;\; 2\frac{\partial W}{\partial C}$$

$$\mathbb{C} = 4\frac{\partial^2 W}{\partial C \partial C}$$

Résidus et matrice tangente

$$G_{in}^I \;\; = \;\; \int_V B^{I^T} S dV$$

$$K_m^{IJ} \;\; = \;\; \int_V B^{I^T} \mathbb{C} \, B^J dV \quad , \quad K_g^{IJ} \;\; = \;\; \left(\int_V N_{,i}^I \, S_{ij} \, N_{,j}^J \, dV \right) I$$

Fin de la boucle

Tableau 3. 2 : *Algorithme de l'Elément en déplacement matériel (grandes déformations).*

Dans le chapitre suivant on traitera avec détail la nouvelle méthode de calcul de sensibilité qui concerne le calcul exact du gradient de la fonction objectif et ses limitations par rapport aux coordonnées des points de contrôles.

Chapitre 4

Optimisation de forme des structures hyperélastiques bi et tridimensionnelles

Sommaire

Optimisation de forme des structures hyperélastiques bi et tridimensionnelles

4.1 Introduction

Afin d'évaluer la performance du modèle réalisé, nous présentons dans ce chapitre dans un premier temps un calcul détaillé de la nouvelle méthode du calcul exact du jacobien, dans un deuxième temps, nous présentons les résultats numériques de quelques exemples d'optimisation de forme pour des structures élastiques en présence de non linéarités géométriques et pour des structures hyperélastiques en présence de non linéarités géométriques et matérielles.

Dans tous les exemples réalisés, la structure est discrétisée par éléments finis. Dans le cas bidimensionnel, on a utilisé un maillage automatique avec un élément triangulaire à trois noeuds de la structure ou un maillage régulier avec un élément quadrilatéral à quatre noeuds. Dans le cas tridimensionnel, on a utilisé un maillage régulier avec un élément hexaédrique   à huit nœuds.

Le but de l'optimisation est d'avoir la meilleure forme de la structure avec une diminution de la contrainte de Von Mises et une limitation de conservation de volume.

4.2 Calcul des sensibilités dans le cas discret

Nous présentons dans cette section la méthode analytique discrète pour le calcul des sensibilités de la fonction objectif $f(v_i, U)$. Cette fonction est fortement non linéaire en fonction des n_{eq} variables d'état (déplacements) dépendant des n variables d'optimisation.

Dans ce qui suit, on suppose que f et U sont des fonctions continues et dérivables. Le calcul des sensibilités consiste à dériver la fonction objectif et les limitations discrètes par rapport aux variables d'optimisation tout en satisfaisant les équations non linéaires d'équilibres :

$$R(v,U) = F_{int} - F_{ext} = 0 \tag{4.1}$$

Où $R(v,U)$ est le vecteur résidu global, F_{int} et F_{ext} sont respectivement les travaux des efforts internes et externes.

Le problème d'analyse de sensibilités consiste à calculer la dérivée totale de f en (v,U) tel que :

$$\frac{df}{dv_i} = \frac{\partial f}{\partial v_i} + \left(\frac{\partial f}{\partial U}\right)^T \left(\frac{\partial U}{\partial v_i}\right) \quad i=1,n \tag{4.2}$$

La dérivation des équations non linéaires d'équilibre (4.1) par rapport à la $i^{ème}$ variable d'optimisation v_i donne :

$$\frac{\partial R}{\partial v_i} + \frac{\partial R}{\partial U} \cdot \frac{\partial U}{\partial v_i} = 0 \tag{4.3}$$

En introduisant (4.1) dans (4.3) on obtient :

$$\frac{\partial F_{int}}{\partial v_i} - \frac{\partial F_{ext}}{\partial v_i} + \frac{\partial R}{\partial U} \frac{\partial U}{\partial v_i} = 0 \tag{4.4}$$

Puisque le travail des efforts extérieurs ne dépend pas des variables d'optimisation alors l'équation (4.4) devient :

$$K_T \frac{\partial U}{\partial v_i} = -\frac{\partial R}{\partial v_i} \quad i=1,n \tag{4.5}$$

Où K_T est la matrice tangente.

On distingue trois méthodes différentes pour calculer le terme $\dfrac{\partial U}{\partial v_i}$:

4.2.1 Méthode de différentiation directe

Cette méthode, consiste à résoudre le système d'équations linéaires (4.5) pour chaque variable v_i, pour ensuite substituer sa solution dans l'équation (4.2). Cette méthode n'est intéressante que lorsque le nombre de variables d'optimisation est faible.

4.2.2 Méthode de la variable d'état adjoint

Dans cette méthode, on utilise le fait qu'en fin d'analyse non linéaire la matrice K_T est inversible, donc l'équation (4.5) s'écrit :

$$\frac{\partial U}{\partial v_i} = -K_T^{-1} \frac{\partial R}{\partial v_i} \quad i=1,n \tag{4.6}$$

En remplaçant cette équation dans (4.2) on obtient :

$$\frac{df}{dv_i} = \frac{\partial f}{\partial v_i} - \left(\frac{\partial f}{\partial U} \right)^T K_T^{-1} \frac{\partial R}{\partial v_i} \quad i=1,n \tag{4.7}$$

En posant le terme $-\left(\dfrac{\partial f}{\partial U} \right)^T K_T^{-1}$ de l'équation (4.7) par un vecteur d'état adjoint λ^T tel que :

$$K_T \lambda^T = -\frac{\partial f}{\partial U} \tag{4.8}$$

Où $\lambda \in R^M$ est appelé « vecteur d'état adjoint » et (4.8) est appelé « équation d'état adjoint » en remplaçant (4.8) dans (4.7) on aura :

$$\frac{df}{dv_i} = \frac{\partial f}{\partial v_i} + \lambda^T \frac{\partial R}{\partial v_i} \quad i=1,n \tag{4.9}$$

4.2.3 Méthode du calcul exact de la sensibilité

Dans cette partie, on présente une nouvelle méthode de calcul des sensibilités de la fonction objectif et ses limitations par rapport aux coordonnées des points de contrôles. Elle consiste différemment aux méthodes de différentiation directe et de la variable d'état adjoint qui calculent approximativement le gradient de la fonction objectif et ses limitations en un calcul exact du gradient de ces derniers.

4.2.3.1 Choix de la fonction objectif

Dans le but de diminuer l'état de contrainte dans une pièce, on a choisi une fonction objectif deux fois différentiables qui est la contrainte de Von Mises. La fonction objectif peut être exprimée dans une description matérielle ou dans une description spatiale.

$$f(v,U) = Min\frac{1}{2}\int_V S_{eq}^2 dV \qquad \text{où} \qquad f(v,U) = Min\frac{1}{2}\int_V \sigma_{eq}^2 dV \qquad (4.10)$$

Avec S et σ sont respectivement le tenseur des contraintes de Piola-Kirchoff et le tenseur des contraintes de Cauchy-Green.

La limitation de la fonction objectif est la conservation de volume de la structure à optimiser donnée par la relation suivante :

$$g = \int_V dV - V_0 = 0 \qquad (4.11)$$

La fonction objectif de la structure est la somme algébrique de toutes les fonctions objectives élémentaires.

$$f = \sum_{e=1}^{nelt} f_e \text{ et } g = \sum_{e=1}^{nelt} g_e \qquad (4.12)$$

Avec f_e et g_e sont respectivement la fonction objectif et la fonction limitation pour un élément fini.

4.2.3.2 Calcul de la sensibilité

Le calcul de sensibilité consiste à la dérivation de la fonction objectif discrète et ses limitations par rapport aux variables d'optimisation tout en satisfaisant les équations non linéaires d'équilibre.

La dérivée totale de la fonction objectif f qui est donnée par l'expression suivante :

$$\frac{df}{dv_i} = \frac{\partial f}{\partial v_i} + \frac{\partial f}{\partial u_k} \cdot \frac{\partial u_k}{\partial v_i} \qquad i=1,....,n \; ; \; k=1,....,n_{eq} \tag{4.13}$$

Dans ce qui suit, le calcul exact de la fonction objectif n'est réalisé que dans le cas d'une description matérielle.

4.2.3.2.1 Sensibilité du volume

L'expression du volume pour une structure modélisée par éléments finis est donnée par :

$$V = \int_V dV = \sum_e \int_{V_e} dV_e \tag{4.14}$$

Où $dV_e = det\, J dV_\xi$ représente le volume élémentaire et $dV_\xi = d\xi d\eta$ représente le domaine de référence. J est la matrice Jacobienne.

Dans le cas d'une optimisation bidimensionnelle (notée 2D dans ce qui suit) le domaine élémentaire et la matrice Jacobienne seront donnés par les équations suivantes :

$$V_e = \int_{V_\xi} det\, J dV_\xi \tag{4.15}$$

Et

$$J = \begin{bmatrix} J_{11} & J_{12} \\ J_{21} & J_{22} \end{bmatrix} = \begin{bmatrix} x_{,\xi} & x_{,\eta} \end{bmatrix}^T \tag{4.16}$$

Le gradient du volume élémentaire par rapport aux variables d'optimisation est:

$$\frac{\partial V_e}{\partial v_i} = \int_{V_\xi} \frac{\partial det\, J}{\partial v_i} dV_\xi \tag{4.17}$$

Le déterminant de la matrice Jacobienne en 2D est défini par :

$$det\, J = J_{11}J_{22} - J_{21}J_{12} \tag{4.18}$$

Le calcul du gradient $\dfrac{\partial det\, J}{\partial v_i}$ est défini par :

$$\frac{\partial \det \mathbf{J}}{\partial v_i} = J_{11}\frac{\partial J_{22}}{\partial v_i} + J_{22}\frac{\partial J_{11}}{\partial v_i} - J_{12}\frac{\partial J_{21}}{\partial v_i} - J_{21}\frac{\partial J_{12}}{\partial v_i} \tag{4.19}$$

4.2.3.2.2 Sensibilité de la contrainte

On suppose que f et U sont deux fonctions continues et dérivables. Telle que la fonction objectif est donnée par l'équation (4.10) :

$$f_e = \frac{1}{2}\int_{V_e} \mathbf{S}_{eq}^2 dV = \frac{1}{2}\int_{V_\xi} \mathbf{S}_{eq}^2 \det \mathbf{J} dV_\xi \tag{4.20}$$

Donc:

$$\frac{\partial f_e}{\partial v_i} = \int_{V_\xi}\left[\mathbf{S}_{eq}\frac{\partial \mathbf{S}_{eq}}{\partial v_i}\det \mathbf{J} + \frac{1}{2}\mathbf{S}_{eq}^2\frac{\partial \det \mathbf{J}}{\partial v_i}\right]dV_\xi \quad i = 1,n \tag{4.21}$$

La sensibilité est évaluée en utilisant le deuxième tenseur de contrainte de Piola-Kirchof $\mathbf{S}$ qui est donné par l'expression (3.41) dans le troisième chapitre:

$$\mathbf{S} = 2\frac{\partial W}{\partial \mathbf{C}} = \frac{\partial W}{\partial \mathbf{E}} \tag{4.22}$$

Avec $\mathbf{E}$ est le tenseur de déformation Green Lagrange donné par:

$$\mathbf{E} = (\mathbf{C} - \mathbf{I})/2 \tag{4.23}$$

$\mathbf{C}$ est le tenseur droit de Cauchy-Green.

D'où, le gradient des termes du tenseur $\mathbf{S}$ par rapport aux variables d'optimisation est donné par l'expression suivante :

$$\frac{\partial \mathbf{S}}{\partial v_i} = \frac{1}{2}\square : \frac{\partial \mathbf{C}}{\partial v_i} \tag{4.24}$$

Avec $\square$ est le module tangent matériel défini par l'équation (3.46) dans le troisième chapitre.

Telle que :

$$\frac{\partial \mathbf{C}}{\partial v_i} = \frac{\partial \mathbf{F}^T}{\partial v_i}\mathbf{F} + \mathbf{F}^T\frac{\partial \mathbf{F}}{\partial v_i} \tag{4.25}$$

Calcul du gradient $\dfrac{\partial f_e}{\partial u_k}$ ($k = 1, ndim \times nnode$)

$$\frac{\partial f}{\partial u_k} = \int_{V_\xi} S_{eq} \frac{\partial S_{eq}}{\partial u_i} \, det \, J dV_\xi \tag{4.26}$$

L'expression suivante détermine la variation des termes du tenseur de Piola-Kirchoff.

$$\frac{\partial S}{\partial u_k} = \frac{1}{2} \square : \frac{\partial C}{\partial u_k} \qquad k = 1, n\dim \times nnode \tag{4.27}$$

Avec :

$$\frac{\partial C}{\partial u_k} = \frac{\partial F^T}{\partial u_k} F + F^T \frac{\partial F}{\partial u_k} \tag{4.28}$$

Pour calculer finalement le gradient de $\dfrac{\partial U}{\partial v_i}$ $(i = 1, n)$, on utilise le principe des travaux virtuels.

$$F_{int} - F_{ext} = 0 \Rightarrow \frac{dF_{int}}{dv_i} = 0 \tag{4.29}$$

Le calcul du gradient $\dfrac{dF_{int}}{dv_i}$ est exprimé par :

$$\frac{dF_{int}}{dv_i} = \frac{\partial F_{int}}{\partial v_i} + \frac{\partial F_{int}}{\partial U} \frac{\partial U}{\partial v_i} = 0 \tag{4.30}$$

Telle que:

$$\frac{\partial F_{int}}{\partial U} = K_T \tag{4.31}$$

Où K_T est la matrice tangente globale d'équilibre.

A partir de l'équation (4.30), on a la relation suivante:

$$K_T \frac{\partial U}{\partial v_i} = -\frac{\partial F_{int}}{\partial v_i} \tag{4.32}$$

Le vecteur intérieur du résidu est donné par l'équation suivante :

$$F_{int}^e = \int_{V_e} B^T S dV_e = \int_{V_\xi} B^T S \det J dV_\xi \tag{4.33}$$

B est la matrice reliant les déformations aux déplacements.

Le gradient de ce vecteur est donné par :

$$\frac{\partial F_{int}^e}{\partial v_i} = \int_{V_\xi} \left[B^T \left(\frac{\partial S}{\partial v_i} \det J + S \frac{\partial \det J}{\partial v_i} \right) + \left(\frac{\partial B}{\partial v_i} \right)^T S \det J \right] dV_\xi \tag{4.34}$$

La résolution de l'équation (4.32) permet d'avoir les termes $\dfrac{\partial U}{\partial v_i}$

4.3 Optimisation de forme en présence des non linéarités géométriques

Dans cette section, nous réalisons l'optimisation de forme de trois structures. Le premier exemple est une poutre de section rectangulaire, simplement supportée à ses deux extrémités. Le matériau choisi est élastique afin de comparer les résultats obtenus par Younsi [33] et la méthode analytique exacte. Le deuxième exemple est une poutre encastrée à une extrémité et soumise à une charge vertical de l'autre côté. Le troisième exemple est un portique encastré à sa base et soumis à une charge uniformément répartie sur sa traverse.

4.3.1 Exemple 1 : Poutre sur deux appuis

On considère une poutre de section rectangulaire, simplement supportée à ses deux extrémités et soumise à une charge répartie sur sa face supérieure (figure 4.1). L'étude du problème est en déformations planes. On a utilisé un élément hexaédrique avec un maillage régulier de 20 éléments. La forme optimisée de la pièce est définie en utilisant neufs points de contrôles qui sont les pôles des courbes B-splines. Les variables d'optimisation choisies sont les coordonnées de ces points de contrôles. Le problème d'optimisation consiste à trouver une forme de la poutre qui minimise l'état de contraintes, avec des limitations géométriques permettant les variations des variables d'optimisation à l'intérieur de l'intervalle [0.05 20mm]. Une limitation d'égalité de volume est appliquée le long du processus d'optimisation. Les caractéristiques mécaniques et d'optimisation sont données dans le tableau suivant :

Caractéristiques mécaniques		Caractéristiques d'optimisation	
Dimension L*B*h	100*10*10 mm^3	Nombre de pôles B-splines	9
Module de Young	2.1 10^{5}MPa	Ordre des B-splines	K=3
Coefficient de Poisson	0.3	Type de variable de conception	Pôle
Chargement	5N / mm^2	Direction active	y
Nombre de noeuds	84	Nombre de variables de conception	9
Nombre d'éléments	20	Nombre de points de contrôle	9

Tableau 4.1 : *Caractéristiques de la pièce à optimiser*

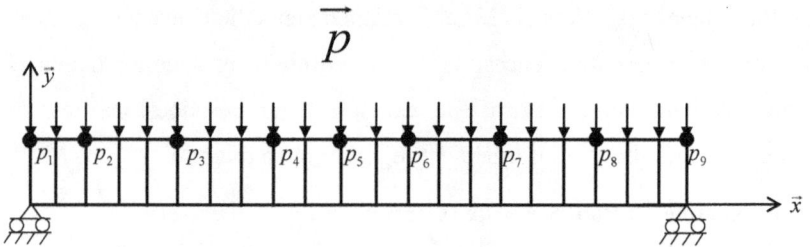

Figure 4.1: *Forme initiale.*

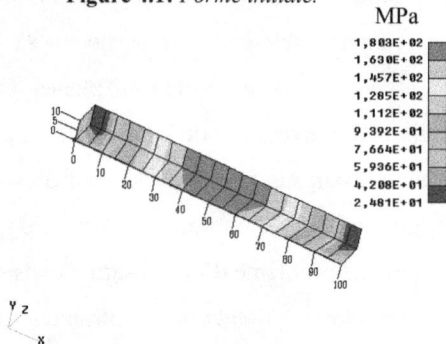

Figure 4.2: *Distribution de la contrainte de Von Mises avant optimisation.*

MPa

1,658E+02
1,527E+02
1,397E+02
1,266E+02
1,136E+02
1,005E+02
8,742E+01
7,436E+01
6,129E+01
4,823E+01

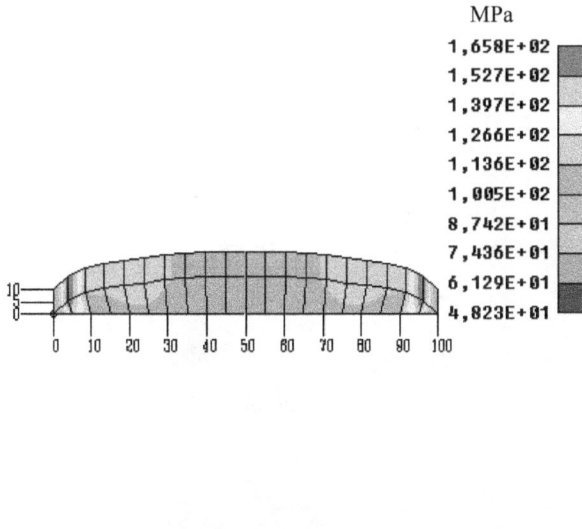

Figure 4.3: *Distribution de la contrainte de Von Mises après optimisation (DF1).*

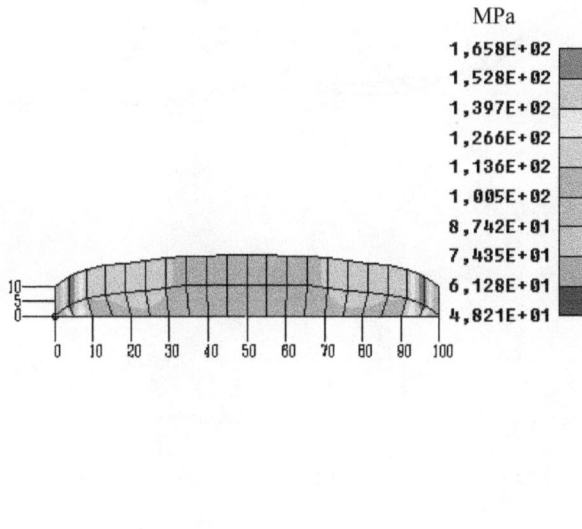

MPa

1,658E+02
1,528E+02
1,397E+02
1,266E+02
1,136E+02
1,005E+02
8,742E+01
7,435E+01
6,128E+01
4,821E+01

Figure 4.4: *Distribution de la contrainte de Von Mises après optimisation avec la méthode exacte .*

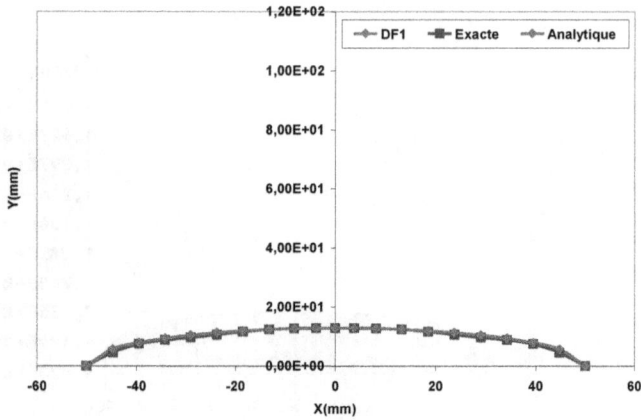

Figure 4.5: *Forme finale de la pièce avec les différentes méthodes.*

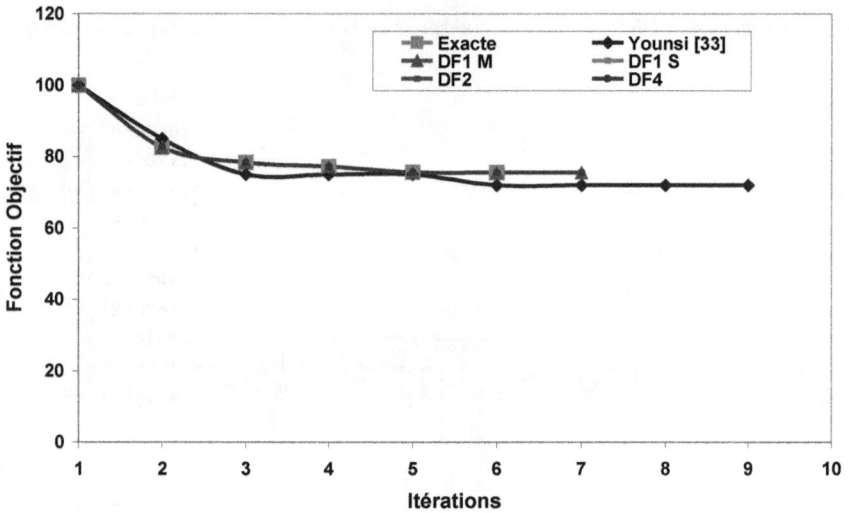

Figure 4.6: *Evolution de la fonction objectif aux cours des itérations dans le cas tridimensionnel.*

La (figure 4.2) représente la distribution de la contrainte de Von Mises avant optimisation. La forme optimale ainsi que la distribution de la contrainte de Von

Mises après optimisation avec un calcul de sensibilité par différences finies et par la méthode exacte sont représentées respectivement sur les figures 4.3 et 4.4. La figure 4.5 représente l'évolution de la forme optimale optimisée par la méthode analytique, la méthode numérique avec un calcul de sensibilité par différence finie et par la méthode exacte. L'évolution de la fonction objectif aux cours des itérations est illustrée à la figure 4.6 avec une comparaison avec celle obtenue par Younsi [33]. La sensibilité par la méthode des différences finies DF1 est calculée dans les deux descriptions matérielle (DF1M) et spatiale (DF1S) et on a trouvé la même solution.

La solution analytique obtenue par la théorie des poutres à sections variables [88,89], en considérant le milieu de la poutre comme origine des abscisses, est la suivante :

Pour une hauteur quelconque en fonction de x, $h(x) = \sqrt{\dfrac{3pL^2}{4B\sigma_{adm}}\left(1 - \dfrac{4x^2}{L^2}\right)}$,

particulièrement à $x = 0$ la hauteur maximale, $h_{max} = \sqrt{\dfrac{3pL^2}{4B\sigma_{adm}}}$

Cet exemple vérifie bien que pour l'abscisse $x = \pm\dfrac{L}{2}$ la hauteur est égale à zéro.

On peut conclure qu'on a trouvé la même forme finale de la structure que celle trouvée par younsi [33] et par la méthode analytique. Nous avons trouvé la même évolution de la fonction objectif calculée dans la description matérielle ou spatiale au cours des itérations en utilisant la méthode des différences finies. L'utilisation de la méthode exacte pour le calcul de la sensibilité nous permet de converger vers la solution plus rapidement.

4.3.2 Exemple 2 : Poutre encastrée

La structure à optimiser est une poutre encastrée à une extrémité et soumise à une charge concentrée à l'autre côté. L'étude du problème est en déformations planes. Le matériau choisi est de l'acier allié telle que sont module de Young est de l'ordre de 2.1 10^4MPa. On a utilisé un maillage automatique avec un élément triangulaire. La forme optimisée de la pièce est définie en utilisant neuf points de contrôles qui sont les pôles des courbes B-splines. Les propriétés mécaniques et d'optimisation sont représentées dans le tableau suivant :

Caractéristiques mécaniques		Caractéristiques d'optimisation	
Dimension L*B*h	120*10*10 mm^3	Nombre de pôles B-splines	9
Module de Young	2.1 10^4MPa	Ordre des B-splines	K=3
Coefficient de Poisson	0.3	Type de variable de conception	pôles
Chargement	60N	Direction active	y
Nombre de noeuds	257	Nombre de variables de conception	9
Nombre d'éléments	390	Nombre de points de contrôle	9

Tableau 4.2 : *Caractéristiques de la pièce à optimiser.*

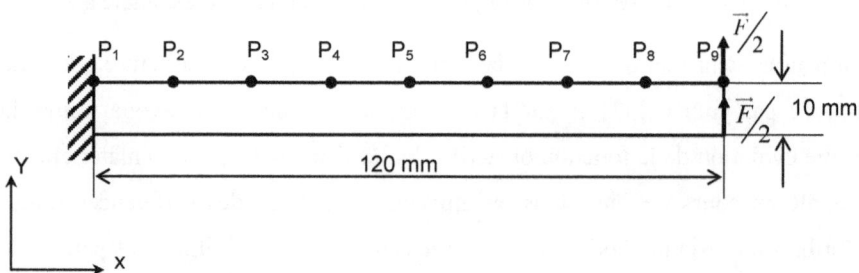

Figure 4.7: *Propriétés géométriques et matérielles et points de contrôles.*

Les variables d'optimisation sont les coordonnées des points de contrôles. Le problème d'optimisation consiste à trouver une forme de la poutre qui minimise la contrainte de Von Mises. Les variables d'optimisation restent à l'intérieur de

l'intervalle [0.05   20mm]. Une limitation d'égalité de volume le long du
processus d'optimisation est toujours appliquée. La figure 4.8 représente la
déformée de la structure, le maillage par éléments finis ainsi que la distribution
de la contrainte de Von Mises avant optimisation. La figure 4.9 représente la
distribution de la contrainte de Von Mises après optimisation non linéaire. La
figure 4.10 représente la courbe charge déplacement qui illustre la non linéarité
géométrique. L'évolution de la fonction objectif aux cours des itérations est
représentée sur la figure 4.11.

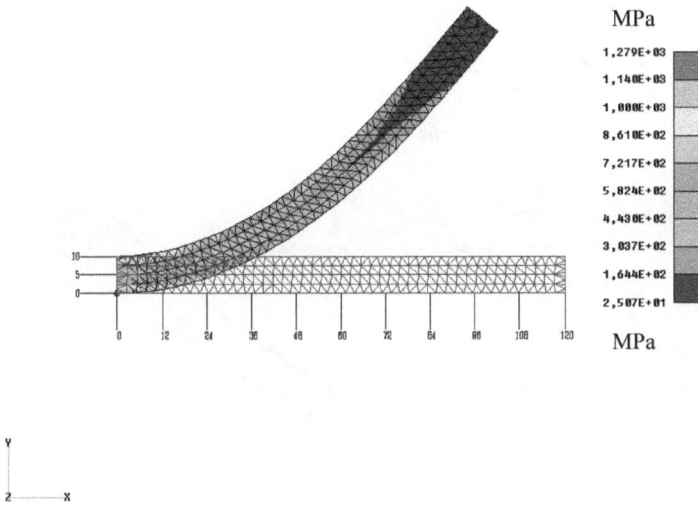

Figure 4.8: *Maillage, déformée de la structure et distribution de la contrainte de Von Mises
avant optimisation.*

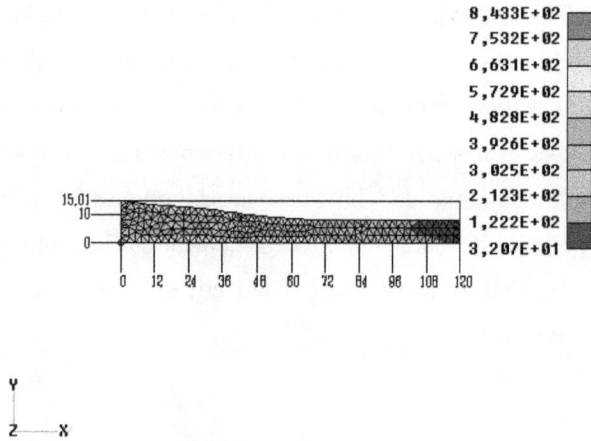

Figure 4.9: *Distribution de la contrainte de Von Mises après optimisation non linéaire avec la méthode exacte.*

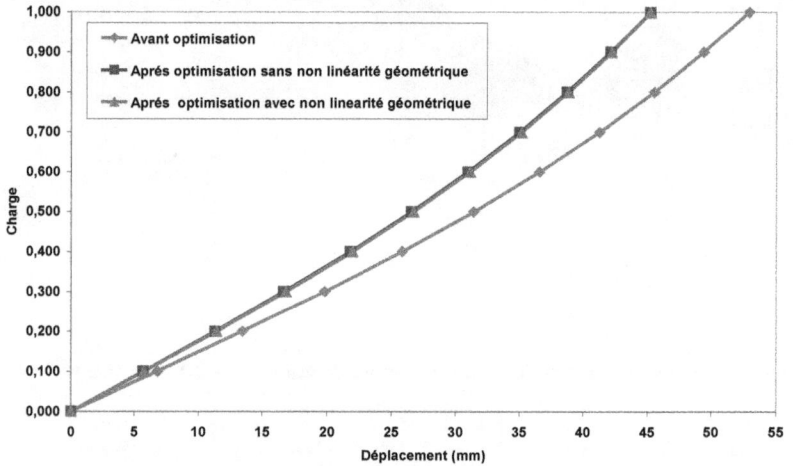

Figure 4.10: *Courbe charge déplacement au point P_9.*

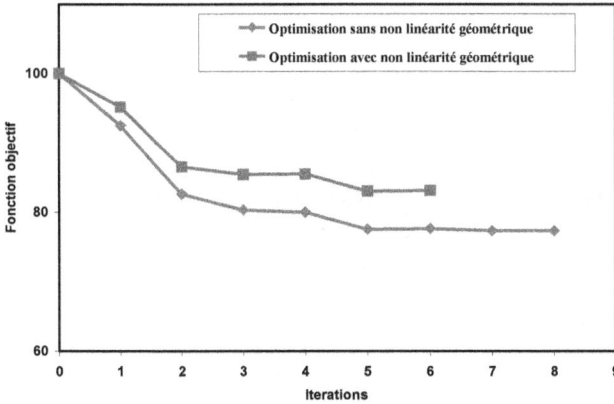

Figure 4.11: *Evolution de la fonction objectif aux cours des itérations avec la méthode exacte.*

On peut remarquer qu'à partir des courbes représentées par les figures 5.8 et 5.9 qu'il y a une réduction remarquable de l'état de contrainte de Von Mises après optimisation. On constate à partir de la figure 5.10 que le déplacement du point P_9 a été diminué après optimisation.

4.3.3 Exemple 3 : Structure portique

La structure à optimiser est un portique soumis à une charge uniformément répartie sur sa traverse. L'étude du problème est en déformations planes. Puisque la structure est symétrique par rapport à l'axe Y, on a tenu compte seulement de la moitié de la structure dans le code du calcul. La géométrie de la structure ainsi que les propriétés mécaniques et géométriques sont illustrées respectivement sur la figure 4.12 et le tableau 4.3.

Caractéristiques mécaniques		Caractéristiques d'optimisation	
Dimension L*B*h	$120*150*1 \text{ mm}^3$	Nombre de pôles B-splines	6
Module de Young	$2.1 \ 10^5 \text{MPa}$	Ordre des B-splines	K=3
Coefficient de Poisson	0.3	Type de variable de conception	pôles
Chargement	0.12N/mm^2	Direction active	x
Nombre de noeuds	400	Nombre de variables de conception	6
Nombre d'éléments	668	Nombre de points de contrôle	6

Tableau 4.3 : *Caractéristiques de la pièce à optimiser.*

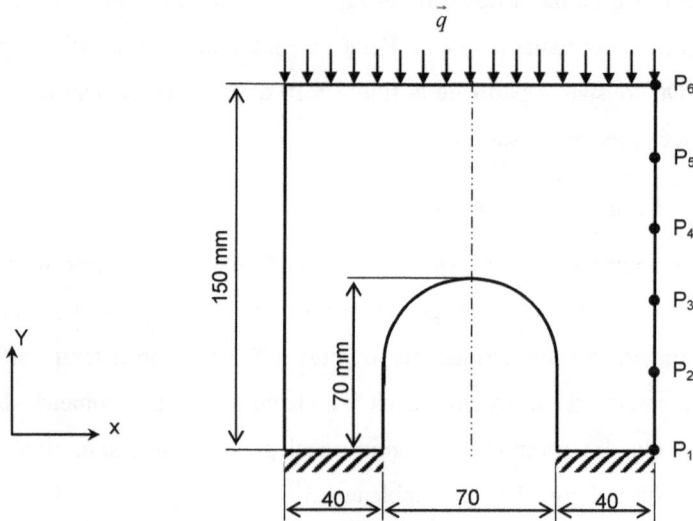

Figure 4.12: *Propriétés géométriques et points de contrôles.*

La forme à optimiser est définie en utilisant six points de contrôle. Les variables d'optimisation sont les coordonnées de ces points. L'étude du problème est en déformations planes .Le problème d'optimisation consiste à trouver une forme optimale de la structure qui minimise la contrainte de Von Mises, avec des limitations géométriques permettant des variations des variables d'optimisation dans l'intervalle [40,100mm]. La figure 4.13 représente le maillage par éléments finis ainsi que la distribution de la contrainte de Von Mises avant optimisation. Respectivement les figures 4.14 et 4.15 montrent la distribution de la contrainte de Von Mises après optimisation en utilisant le calcul de la sensibilité par les deux méthodes : la méthode des différences finies et la méthode exacte. La figure 4.16 représente l'évolution de la fonction objectif au cours des itérations en effectuant les deux méthodes. La méthode DF2 est calculée suivant la description matérielle (DF2 M) et spatiale (DF2 S).

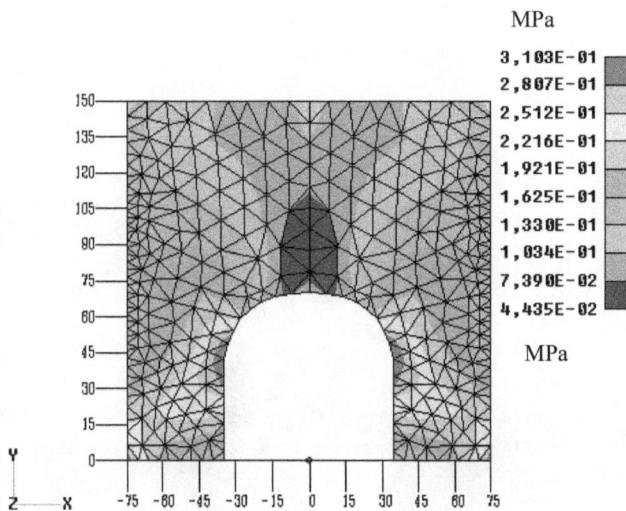

Figure 4.13: *Distribution de la contrainte de Von Mises avant optimisation.*

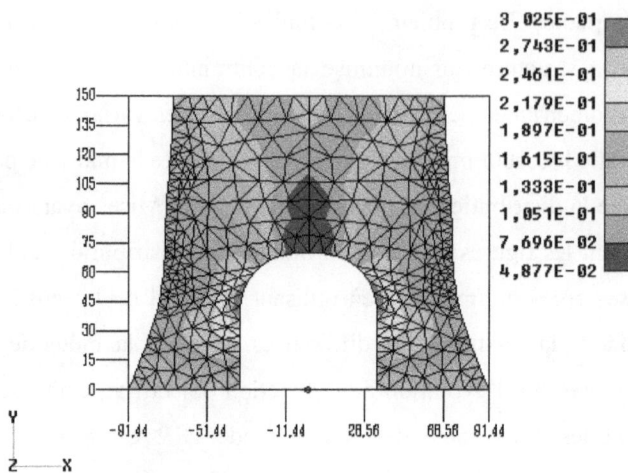

Figure 4.14: *Distribution de la contrainte de Von Mises après optimisation avec la méthode (DF1).*

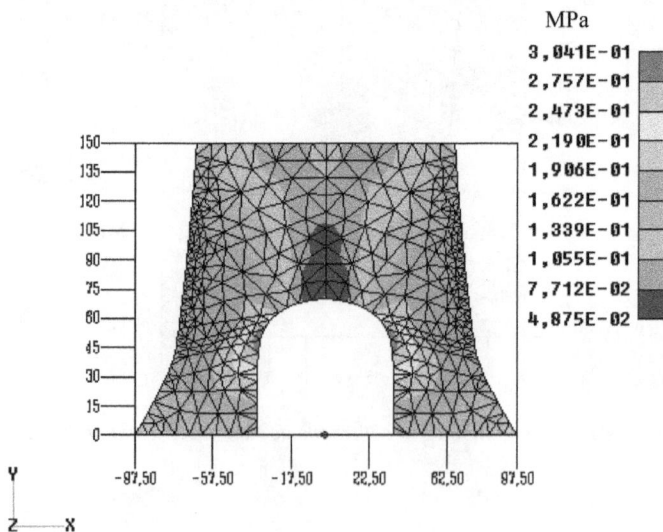

Figure 4.15: *Distribution de la contrainte de Von Mises après optimisation avec la méthode exacte.*

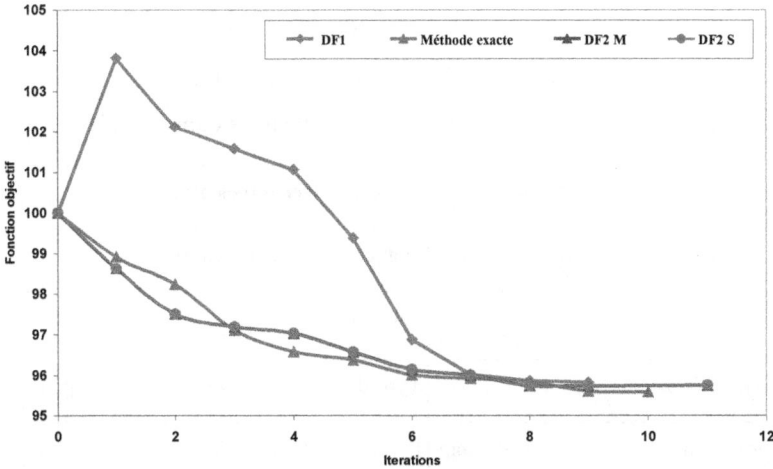

Figure 4.16 : *Evolution de la fonction objectif au cours des itérations.*

L'utilisation de la description spatiale ou matérielle pour le calcul de la fonction objectif a abouti à la même évolution. La nouvelle méthode de calcul de la sensibilité nous permet d'avoir une réduction remarquable de la contrainte de Von Mises ainsi qu'en temps de calcul pour la convergence.

4.4 Optimisation de forme en présence des non linéarités géométriques et matérielles

Dans cette section, nous réalisons l'optimisation de forme des structures hyperélastiques en utilisant le modèle Néo-Hookean donné par la relation (3.13) dans le troisième chapitre définie par :

$$W = \frac{1}{2}\mu(I_1 - 3) - \mu Log(J) + \lambda(J - 1 - LogJ)$$

Les applications dans cette partie sont les suivants, le premier exemple est une poutre en forme de L, le deuxième exemple est un support en caoutchouc.

4.4.1 Exemple 1 : Poutre en forme de L

La géométrie de la structure étudiée est représentée à la figure 4.17. Nous avons utilisé sept points de contrôles qui définissent la forme optimisée de la structure. Les propriétés mécaniques et géométriques sont illustrées dans le tableau 4.4.

Caractéristiques mécaniques		Caractéristiques d'optimisation	
Dimension	$10*75*85$ mm^3	Nombre de pôles B-splines	7
$\mu = 8077$ MPa		Ordre des B-splines	K=3
$\lambda = 12115$ MPa		Type de variable de conception	pôle
Chargement	0.34N/mm	Direction active	Y
Nombre de noeud	276	Nombre de variables de conception	7
Nombre d'éléments	225	Nombre de points de contrôle	7

Tableau 4.4: *Caractéristiques de la pièce à optimiser.*

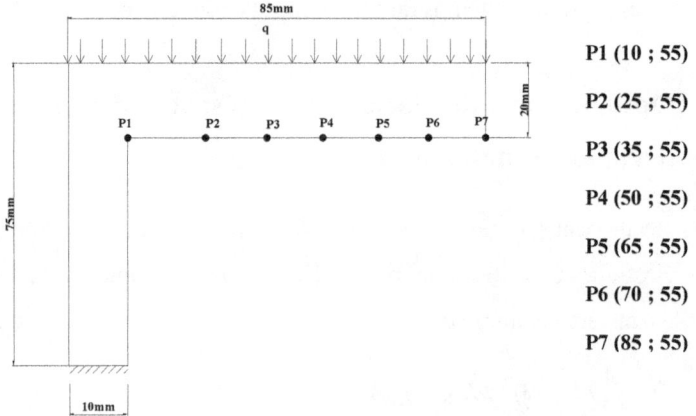

P1 (10 ; 55)

P2 (25 ; 55)

P3 (35 ; 55)

P4 (50 ; 55)

P5 (65 ; 55)

P6 (70 ; 55)

P7 (85 ; 55)

Figure 4.17: *Géométrie de la structure et les points de contrôles.*

4.4.1.1 Optimisation bidimensionnelle

L'étude du problème est en déformations planes. La figure 4.18 représente le maillage de la structure et la distribution de la contrainte de Von Mises avant optimisation. Un maillage automatique à chaque itération avec un élément triangulaire est utilisé pour la discrétisation de la structure. La distribution de la contrainte de Von Mises après optimisation avec la méthode DF2 et avec le calcul exact du jacobien est représentée respectivement aux figures 4.19 et 4.20.

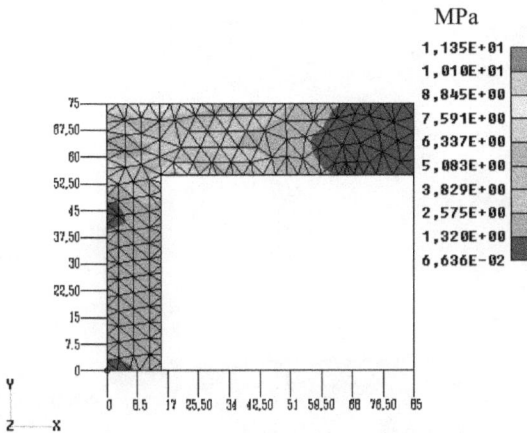

Figure 4.18: *Distribution de la contrainte de Von Mises avant optimisation.*

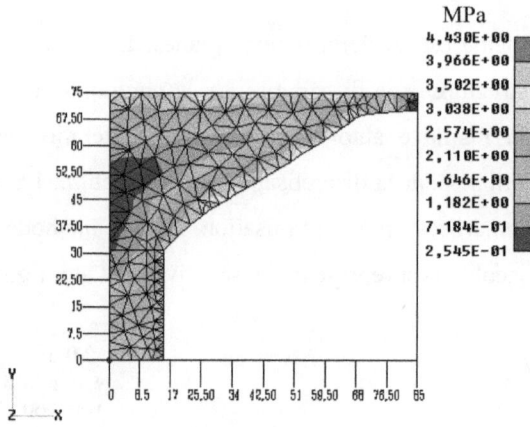

Figure 4.19: *Distribution de la contrainte de Von Mises après optimisation avec la méthode (DF2).*

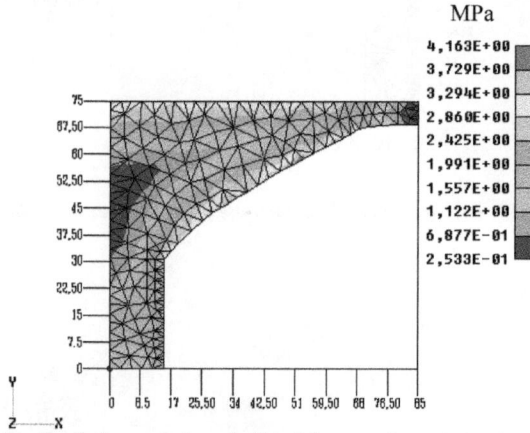

Figure 4.20: *Distribution de la contrainte de Von Mises après optimisation avec la méthode exacte.*

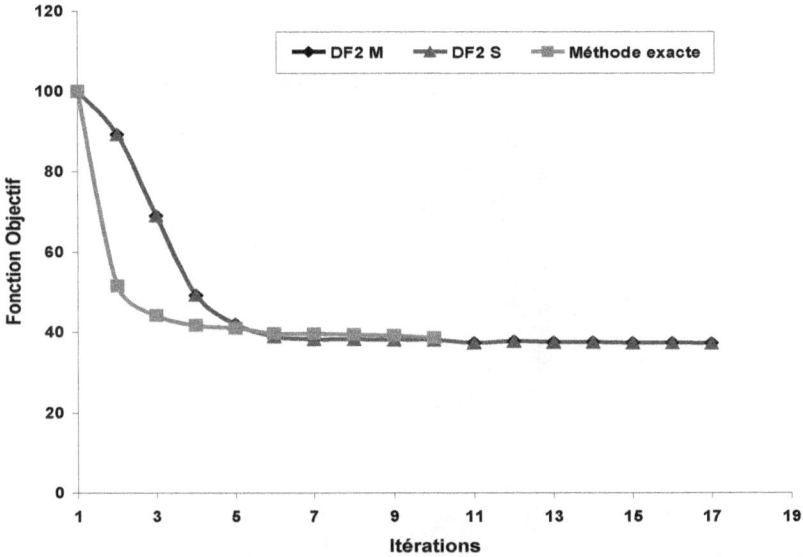

Figure 4.21: *Evolution de la fonction objectif au cours des itérations dans le cas bidimensionnelle.*

4.4.1.2 Optimisation tridimensionnelle

Le maillage régulier de la structure est réalisé avec des éléments hexaédriques à huit nœuds. La figure 4.21 représente la distribution de la contrainte de Von Mises avant optimisation. Les figures 4.22 et 4.23 représentent la distribution de la contrainte de Von Mises après optimisation.

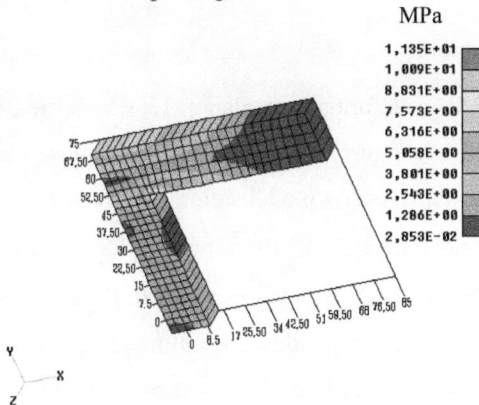

Figure 4.22: *Distribution de la contrainte de Von Mises avant optimisation.*

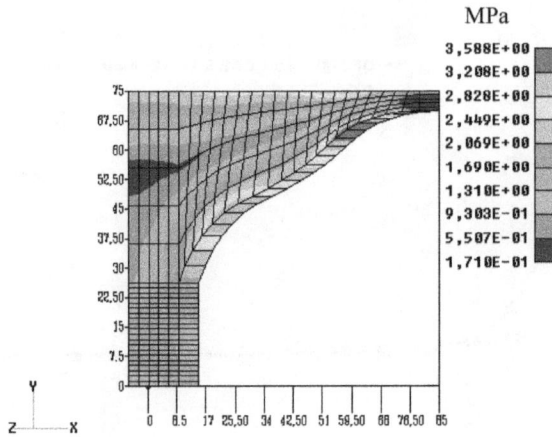

Figure 4.23: *Distribution de la contrainte de Von Mises après optimisation avec la méthode DF2.*

On remarque que l'utilisation de la description spatiale ou matérielle pour le calcul de la fonction objectif a abouti à la même évolution. Le choix de la méthode exacte pour le calcul de la sensibilité a permis un gain du temps de calcul considérable par rapport à l'utilisation de la méthode des différences finies. À partir de la figure 4.23, on remarque que la méthode du calcul exact nécessite seulement 10 itérations, tandis que la méthode différence finie nécessite 18 itérations.

4.4.2 Exemple 2 : Support

L'étude du problème est en déformations planes. La géométrie de la structure a étudiée est représentée à la figure 4.24. La forme à optimiser est effectuée en utilisant cinq points de contrôles. La modélisation est effectuée en tenant compte de la symétrie géométrique du support par rapport à l'axe $\vec{y}$. En effet, dans les analyses de simulation, seule la moitié du support est prise en compte. Le maillage ainsi que la distribution de la contrainte de Von Mises avant optimisation sont représentés à la figure 4.25 avec 185 nœuds et 273 éléments.

Nous présentons à la figure 4.26 la déformée du support soumis à un déplacement imposé de *0.5 mm*. La distribution de la contrainte de Von Mises après optimisation est représentée à la figure 4.27. La figure 4.28 représente l'évolution de la fonction objectif au cours des itérations.

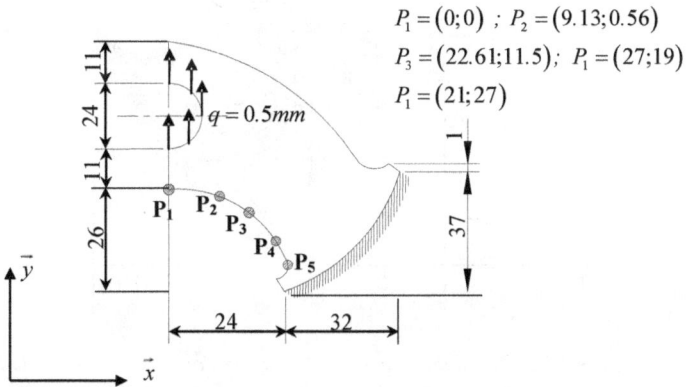

$$P_1 = (0;0) \; ; \; P_2 = (9.13;0.56)$$
$$P_3 = (22.61;11.5); \; P_1 = (27;19)$$
$$P_1 = (21;27)$$

Figure 4.24: *Géométrie initiale et 5 points de contrôles.*

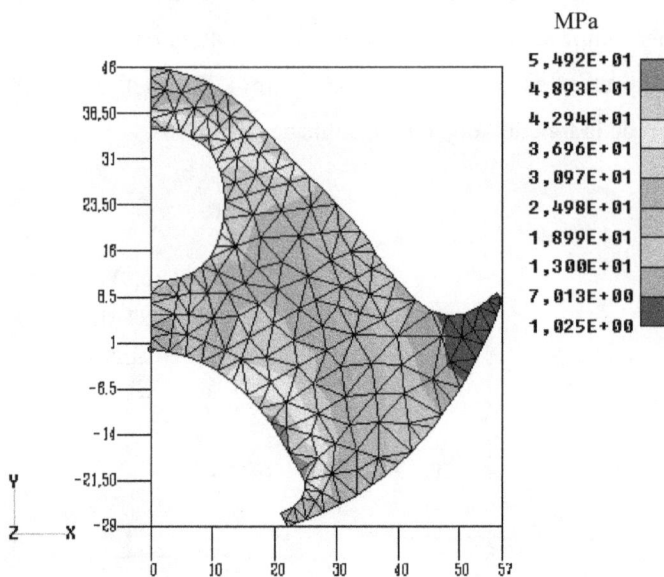

Figure 4.25: *Distribution de la contrainte de Von Mises avant optimisation.*

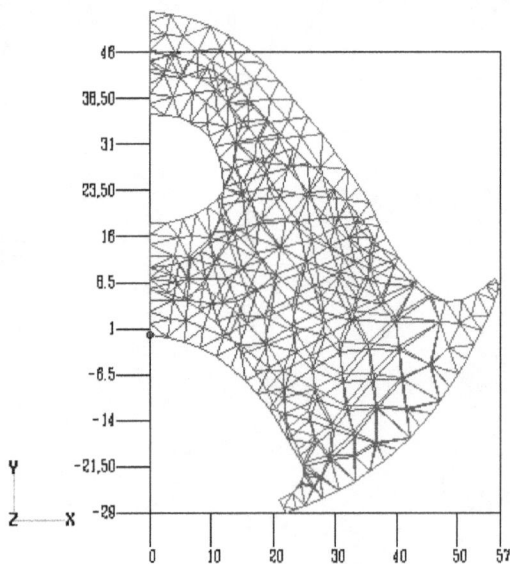

Figure 4.26: *Déformée de la structure.*

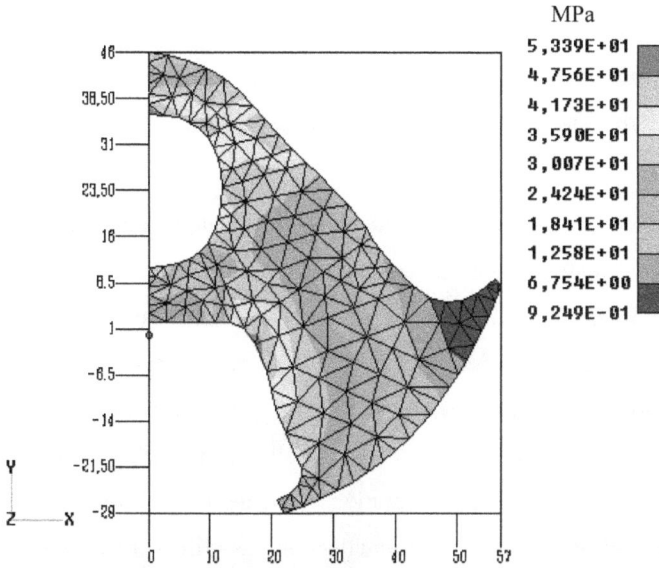

Figure 4.27: *Distribution de la contrainte de Von Mises après optimisation de la structure avec la méthode exacte.*

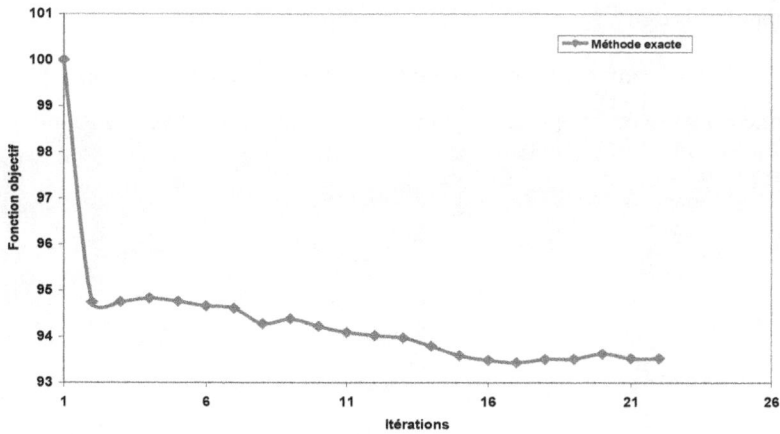

Figure 4.28: *Evolution de la fonction objectif au cours des itérations.*

Avec la complexité de la structure, on remarque qu'il y a une faible diminution de la contrainte de Von Mises après optimisation. L'utilisation de la méthode des différences finies n'a pas convergé vers une solution optimale tandis que la méthode exacte du calcul du jacobien a abouti à une solution dont l'évolution est représentée à la figure 4.27.

Dans ce travail, nous avons présenté en premier lieu, l'optimisation de forme des structures élastiques tout en respectant la non linéarité géométrique ; en deuxième lieu, l'optimisation de forme des structures hyperélastiques qui subissent de grandes déformations. Dans cette approche, les paramètres d'optimisation, sont calculés en résolvant un problème d'optimisation non linéaire. Pour l'optimisation bidimensionnelle, un remaillage automatique de la structure est effectué à chaque itération. L'élément fini utilisé est à trois nœuds. Pour l'optimisation tridimensionnelle, on a utilisé un maillage régulier. L'élément fini utilisé est un élément hexaédrique. La résolution du problème non linéaire est effectuée avec la programmation quadratique séquentielle (SQP). Nous pouvons conclure qu'en utilisant la méthode exacte nous obtenons une réduction importante du temps de calcul par rapport à la méthode de différences finies.

Dans le chapitre suivant, nous présentons l'optimisation de forme des structures axisymétriques avec une présentation précise du calcul exact de la sensibilité.

Chapitre 5

Optimisation de forme des structures axisymétrique

Sommaire

Optimisation de forme des structures axisymétriques

5.1 Introduction

Les solides axisymétriques sont des structures ayant une symétrie de révolution. Ces structures présentent une grande importance dans plusieurs domaines industriels : mise en forme, canalisations, réacteurs nucléaires, réservoirs, applications biomécaniques...

La conception optimale de solides de révolution en présence de non linéarités a suscité, ces dernières années, un intérêt considérable de la part des chercheurs et constitue un thème de recherche en pleine expansion [93]. Ceci est dû à la fois aux progrès de la technologie des ordinateurs et aux développements de modèles éléments finis et d'algorithmes pour la résolution de problèmes non linéaires [94,95].

L'objectif de ce chapitre est la présentation d'une approche efficace pour l'optimisation de forme des structures axisymétriques en présence de non linéarités géométrique et matérielle. Nous présentons le calcul de la sensibilité exacte de la fonction objectif et ses limitations. Deux exemples vont être traités : le premier est un disque soumis à une charge répartie sur sa facette supérieure, le deuxième est un cylindre creux soumis à l'intérieur par une charge hydrostatique.

5.2 Résolution non linéaire

Nous utilisons la même méthode de résolution numérique que celle utilisée dans le chapitre précédent pour les éléments solides en contraintes planes et en déformations planes.

5.2.1 Choix de la fonction objectif

Comme pour le cas d'optimisation de forme des solides prismatiques, ici nous cherchons la forme optimale de la surface moyenne d'un solide de révolution donnée, qui permet de réduire l'état global des contraintes dans la structure, tout en satisfaisant certaines limitations géométriques. Ainsi, le critère d'optimisation (ou la fonction objectif) est le même que celui utilisé pour les solides en contraintes planes et en déformations planes. La fonction objectif est la contrainte de Von Mises comme celle définie par l'équation (4.10) dans le chapitre quatre dans les deux descriptions matérielle ou spatiale par les relations suivantes :

$$f(v,U) = Min\frac{1}{2}\int_V S_{eq}^2 dV = Min\frac{1}{2}\int_S S_{eq}^2 2\pi r dr dz \qquad (5.1)$$

Où

$$f(v,U) = Min\frac{1}{2}\int_V \sigma_{eq}^2 dV = Min\frac{1}{2}\int_S \sigma_{eq}^2 2\pi r dr dz \qquad (5.2)$$

Avec les limitations de conservation de volume

$$g = \int_S 2\pi r dV - V_0 = 0 \qquad (5.3)$$

Comme elle est définie dans le chapitre quatre par l'équation (4.12) la fonction objectif de la structure est la somme algébrique de toutes les fonctions objectif élémentaires.

5.2.2 Calcul exact de la sensibilité

Le calcul de sensibilité consiste à la dérivation de la fonction objectif discrète et ses limitations par rapport aux coordonnées des variables d'optimisation tout en satisfaisant les équations non linéaires d'équilibre. Le calcul exact de la sensibilité de la fonction objectif et ses limitations est réalisé que dans le cas d'une description matérielle.

Le problème d'analyse de sensibilité est la détermination de la dérivée totale de la fonction objectif qui est donné par l'expression suivante :

$$\frac{df}{dv_i} = \frac{\partial f}{\partial v_i} + \frac{\partial f}{\partial u_k} \cdot \frac{\partial u_k}{\partial v_i} \qquad i=1,\ldots,n \; ; \; k=1,\ldots,n_{eq} \tag{5.4}$$

5.2.2.1 Sensibilité du volume

L'expression du volume pour une structure modélisée par éléments finis est donnée par :

$$V = \int_V dV = \sum_e \int_{S_e} dS_e \tag{5.5}$$

Où $dS_e = 2\pi r \, det \, J dS_\xi$ représente le domaine élémentaire et $dS_\xi = drdz$ qui représente le domaine de référence. J est la matrice Jacobienne.

Dans le cas d'une optimisation bidimensionnelle, le domaine élémentaire sera donné par l'équation suivante :

$$S_e = \int_{S_\xi} 2\pi r \, det \, J dS_\xi \tag{5.6}$$

Le gradient du domaine élémentaire par rapport aux variables d'optimisation est:

$$\frac{\partial S_e}{\partial v_i} = 2\pi \int_{S_\xi} \left(r \frac{\partial det \, J}{\partial v_i} + det \, J \frac{\partial r}{\partial v_i} \right) dS_\xi \tag{5.7}$$

Le calcul du gradient $\dfrac{\partial det \, J}{\partial v_i}$ est défini par l'équation (4.19).

On a :

$$r = \sum_{k=1}^{knode} N_k r_k \tag{5.8}$$

D'où :

$$\frac{\partial r}{\partial v_i} = \sum_{i=1}^{nnode} N_i \frac{\partial r_k}{\partial v_i} \tag{5.9}$$

5.2.2.2 Sensibilité de la contrainte

La fonction objectif élémentaire est donnée par l'équation suivante :

$$f_e = \frac{1}{2}\int_{S_e} S_{eq}^2 dV = \pi \int_{S_\xi} S_{eq}^2 r \, det \, J dS_\xi \tag{5.10}$$

Donc:

$$\frac{\partial f_e}{\partial v_i} = \int_{S_\xi}\left[2S_{eq}\frac{\partial S_{eq}}{\partial v_i}r \, det \, J + S_{eq}^2 r\frac{\partial \, det \, J}{\partial v_i} + S_{eq}^2\frac{\partial r}{\partial v_i} det \, J\right]dS_\xi \quad i = 1,n \tag{5.11}$$

La sensibilité peut être évaluée en utilisant le deuxième tenseur de contrainte de Piola-Kirchof S qui est donné par l'expression (4.22) dans le chapitre quatre. Le gradient des termes du tenseur S par rapport aux variables d'optimisation se trouve dans la relation (4.24). Le calcul du gradient des termes du tenseur C figurant dans l'expression (4.25) nécessite la détermination des termes du tenseur de déformation F dans le quel on calcule la dérivée du réel α défini par :

$$\alpha = \frac{r_1}{r_I} = 1 + \frac{r_1 - r_I}{r_I} = 1 + \frac{U_r}{r_I} \tag{5.12}$$

D'où :

$$\frac{\partial \alpha}{\partial v_i} = -\frac{\dfrac{\partial r_I}{\partial v_i}U_r}{r_I^2} \tag{5.13}$$

Calculons le gradient $\dfrac{\partial f_e}{\partial u_k}$ ($k = 1, ndim \times nnode$)

$$\frac{\partial f}{\partial u_k} = 2\pi \int_{S_\xi} S_{eq}\frac{\partial S_{eq}}{\partial u_i} r \, det \, J dS_\xi \tag{5.14}$$

L'expression suivante détermine la variation des termes du tenseur de Piola-Kirchoff.

$$\frac{\partial S}{\partial u_k} = \frac{1}{2}\square : \frac{\partial C}{\partial u_k} \qquad k = 1, n\dim \times nnode \tag{5.15}$$

Les termes de $\dfrac{\partial C}{\partial u_k}$ définis dans la relation (4.25), se calculent de la même manière que dans le chapitre quatre.

Pour calculer finalement le gradient de $\dfrac{\partial U}{\partial v_i}$ $(i = 1, n)$, on utilise les équations (4.29), (4.30), (4.31), (4.32).

Le vecteur des efforts intérieurs est donné par l'équation suivante :

$$F_{int}^e = \int_{V_e} B^T S \, dV_e = 2\pi \int_{S_\xi} B^T S \, r \, det \, J \, dS_\xi \qquad (5.16)$$

La variation des efforts intérieurs par rapport aux coordonnées des points de contrôles est donné par :

$$\frac{\partial F_{int}^e}{\partial v_i} = 2\pi \int_{S_\xi} \left[B^T \left(\frac{\partial S}{\partial v_i} r \, det \, J + S \frac{\partial \, det \, J}{\partial v_i} r + S \, det \, J \frac{\partial r}{\partial v_i} \right) + \left(\frac{\partial B}{\partial v_i} \right)^T S r \, det \, J \right] dS_\xi \quad (5.17)$$

La résolution de l'équation suivante permet d'avoir les termes $\dfrac{\partial U}{\partial v_i}$:

$$K_T \frac{\partial U}{\partial v_i} = -\frac{\partial F_{int}}{\partial v_i} \qquad (5.18)$$

5.3 Applications numériques

5.3.1 Exemple 1 : Disque

La structure à optimiser est un disque circulaire, simplement supporté à ses bords et soumis à une charge uniformément distribuée. La forme initiale est représentée à la figure 5.1. Le matériau utilisé est un matériau hyperélastique. Les propriétés mécaniques et géométriques sont données dans le tableau 5.1.

Caractéristiques mécaniques		Caractéristiques d'optimisation	
Dimension	100*10 mm	Nombre de pôles B-splines	5
$\mu = 8076.9\ MPa$		Ordre des B-splines	K=3
$\lambda = 12115.4\ MPa$		Type de variable de conception	pôles
Chargement	10N/mm^2	Direction active	z
Nombre de noeuds	42	Nombre de variables de conception	5
Nombre d'éléments	20	Nombre de points de contrôle	5

Tableau 5.1 : *Caractéristiques de la pièce à optimiser.*

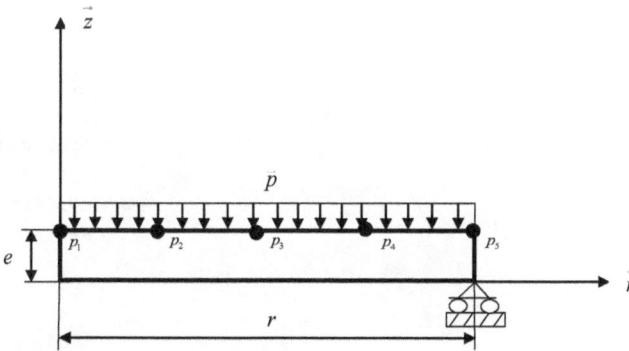

Figure 5.1: *Caractéristiques mécaniques et géométriques de la structure.*

La forme optimisée est obtenue en utilisant cinq points de contrôles qui sont les pôles de la B-spline. Le problème d'optimisation consiste à trouver une forme de la structure qui minimise l'état de contrainte, avec des limitations géométriques permettant des variations des variables d'optimisation à l'intérieur de l'intervalle $[0.05\ \ 20mm]$

La figure 5.2 représente le maillage régulier de la structure avec un élément fini CAX4 qui possède deux degrés de libertés par nœud. La distribution de la contrainte de Von Mises avant optimisation est représentée dans la même figure.

Les figures de 5.3 jusqu'à 5.5 représentent respectivement la distribution de la contrainte de Von Mises après optimisation avec la méthode des différences finies DF1, DF2 et DF4. La figure 5.6 représente la distribution de la contrainte de Von Mises après optimisation avec la méthode du calcul exact du jacobien. Enfin sur la figure 5.7 est représentée l'évolution de la fonction objectif aux cours des itérations. Le calcul de la sensibilité par la méthode DF1 est réalisé dans la description matérielle noté (DF1 M) et dans la description spatiale noté (DF1 S).

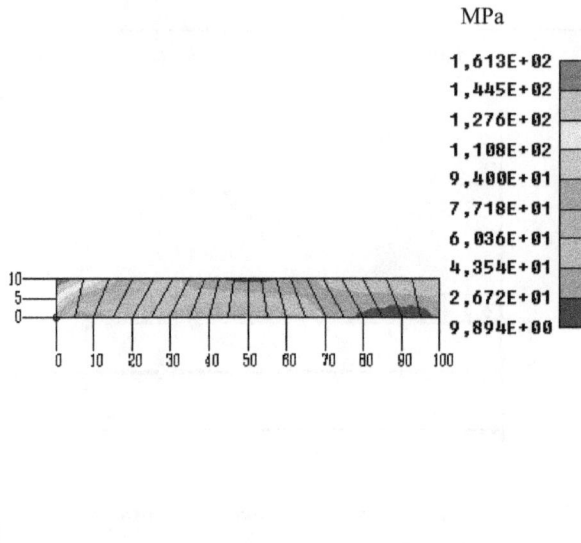

MPa

1,613E+02
1,445E+02
1,276E+02
1,108E+02
9,400E+01
7,718E+01
6,036E+01
4,354E+01
2,672E+01
9,894E+00

Figure 5.2: *Distribution de la contrainte de Von Mises avant optimisation.*

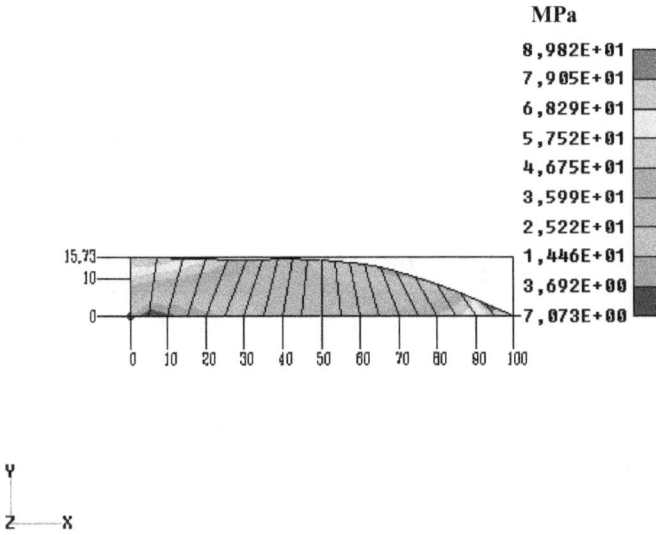

Figure 5.3: *Distribution de la contrainte de Von Mises*

après optimisation avec la méthode DF1.

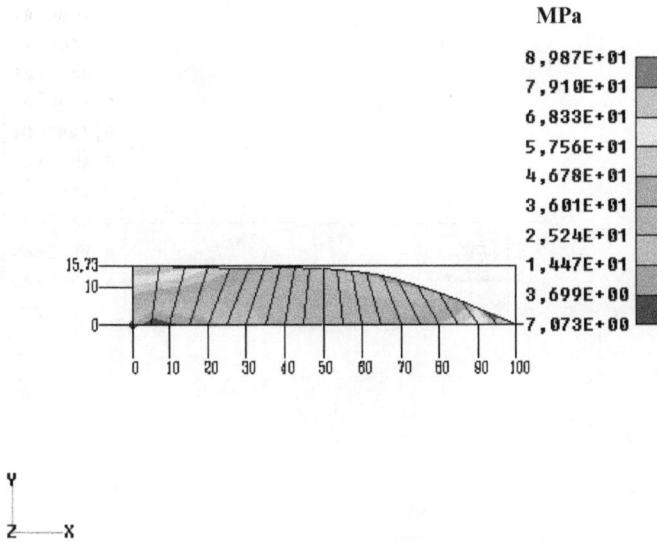

Figure 5.4: *Distribution de la contrainte de Von Mises*

après optimisation avec la méthode DF2.

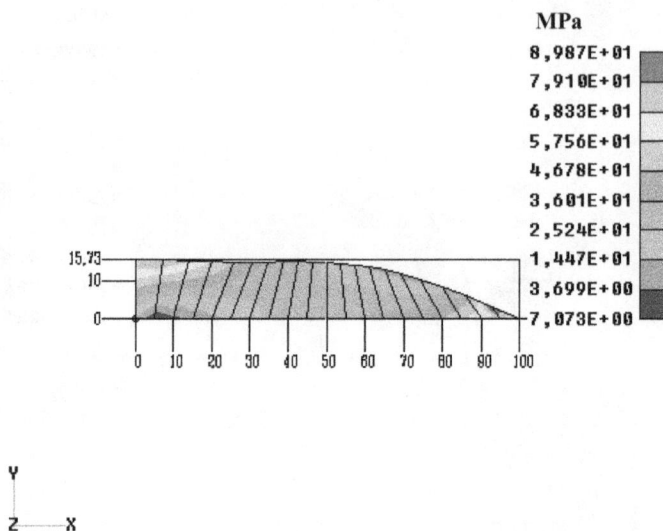

Figure 5.5: *Distribution de la contrainte de Von Mises*

après optimisation avec la méthode DF4.

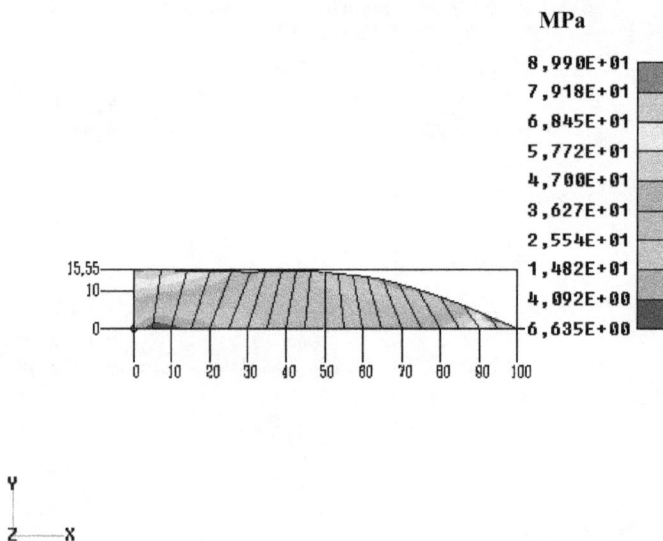

Figure 5.6: *Distribution de la contrainte de Von Mises*

après optimisation avec la méthode exacte.

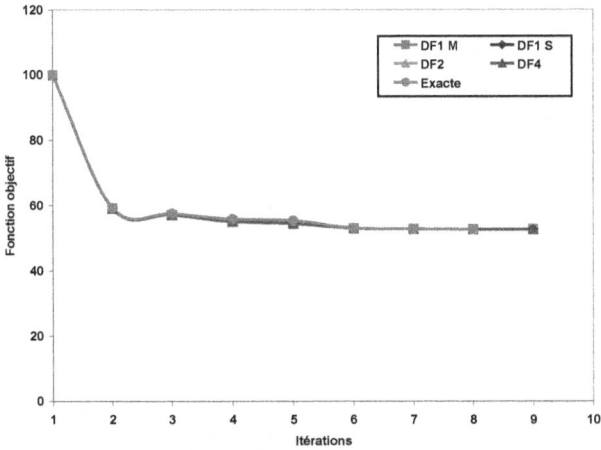

Figure 5.7: *Evolution de la fonction objectif aux cours des itérations.*

Après optimisation, une réduction importante de l'état de contrainte de Von Mises est remarquée. D'après la figure 5.7 l'utilisation de la méthode exacte du jacobien a permis   de converger avec un nombre d'itérations inférieur à celui qu'a nécessité la méthode des différences finies. On a trouvé la même évolution de la fonction objectif dans le cas d'une description matérielle ou spatiale. C'est pour cette raison que le calcul exact de la fonction objectif est réalisé dans le cas d'une description matérielle.

5.3.2 Exemple 2 : Cylindre creux

La structure à optimiser est un cylindre creux, simplement supporté et soumise à une pression hydrostatique répartie à son intérieure. Le matériau utilisé est un matériau hyperélastique dont la fonctionnelle d'énergie définie par l'équation (3.13). Les caractéristiques mécaniques et géométriques sont données dans le tableau 5.2. Le problème d'optimisation consiste à trouver une forme du cylindre qui minimise la contrainte de Von Mises, avec les limitations géométriques permettant des variations des variables d'optimisation à l'intérieur de l'intervalle $[12 \quad 50mm]$.

Caractéristiques mécaniques		Caractéristiques d'optimisation	
Encombrement	10*50*20 mm^3	Nombre de pôles B-splines	6
$\mu = 8076.9\ MPa$		Ordre des B-splines	K=3
$\lambda = 12115.4\ MPa$		Type de variable de conception	pôles
Pression maxi	10 MPa	Direction active	r
Nombre de noeuds	160	Nombre de variables de conception	6
Nombre d'éléments	133	Nombre de points de contrôle	6

Tableau 5.2: *Caractéristiques de la pièce à optimiser.*

La figure 5.8 représente la structure à optimiser ainsi que la position des points de contrôle de la B-spline. Le maillage de la structure est réalisé avec un élément Q4. Le déformé de la structure ainsi la distribution de la contrainte de Von Mises avant optimisation sont illustrés à la figure 5.9.

La distribution de la contrainte de Von Mises après optimisation avec la méthode des différences finies DF1, DF2 et DF4 est représentée respectivement aux figures 5.10 à 5.12.

La distribution de la contrainte de Von Mises après optimisation en utilisant la méthode exacte du calcul de la sensibilité est représentée à la figure 5.13. L'évolution de la fonction objectif au cours des itérations est représentée à la figure 5.14.

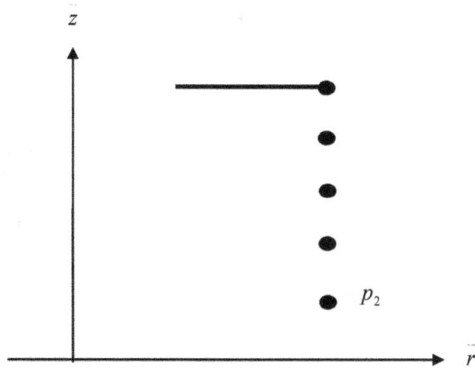

Figure 5.8: *Caractéristiques mécaniques et géométriques de la structure.*

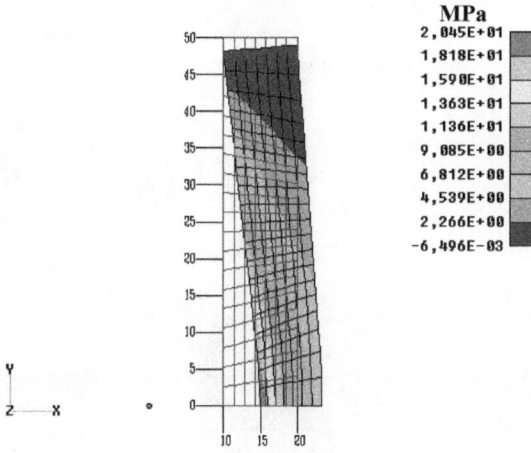

Figure 5.9: *Déformé et Distribution de la contrainte de Von Mises avant optimisation.*

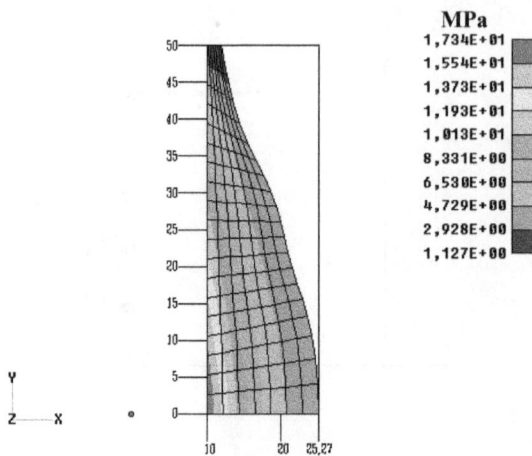

Figure 5.10: *Distribution de la contrainte de Von Mises*

après optimisation avec la méthode DF1.

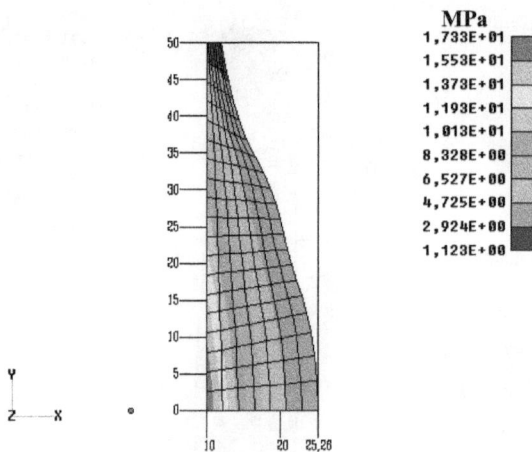

Figure 5.11: *Distribution de la contrainte de Von Mises*

après optimisation avec la méthode DF2.

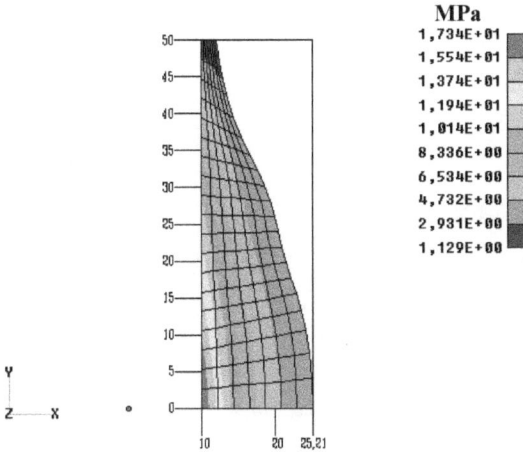

Figure 5.12: *Distribution de la contrainte de Von Mises*

après optimisation avec la méthode DF4.

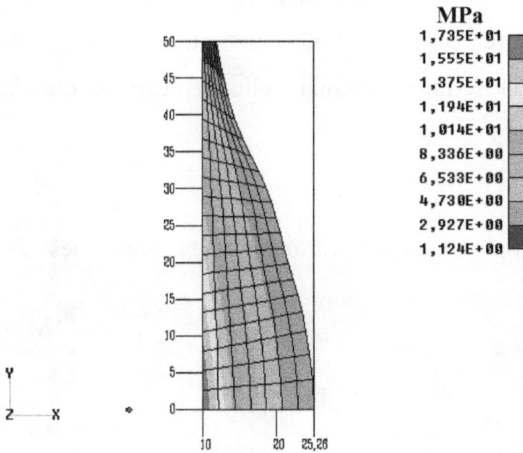

Figure 5.13: *Distribution de la contrainte de Von Mises*

après optimisation avec la méthode exacte.

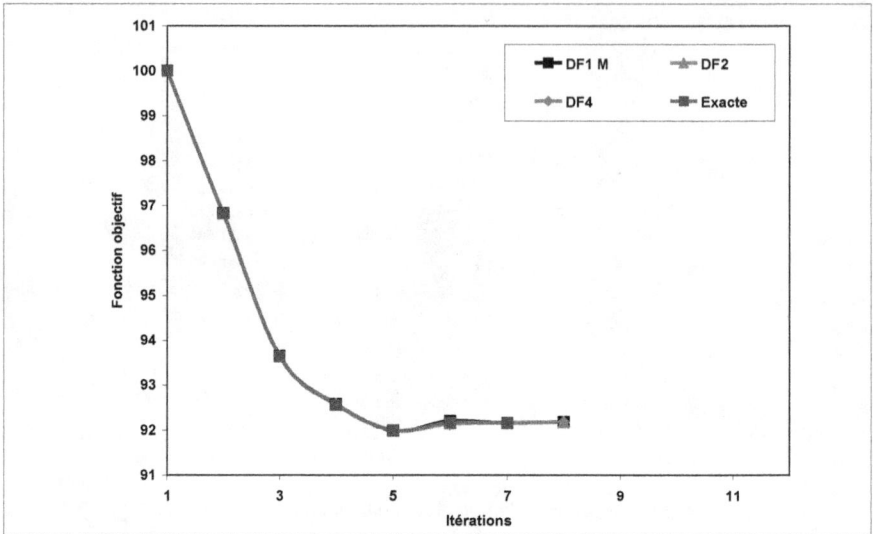

Figure 5.14: *Evolution de la fonction objectif aux cours des itérations.*

D'après les figures 5.10 à 5.13 on peut conclure qu'il existe une réduction de la contrainte de Von Mises. A partir de l'évolution de la fonction objectif au cours des itérations on remarque que l'utilisation de la méthode exacte du jacobien a convergé vers la solution optimale plus rapidement que les méthodes des différences finies.

Dans le chapitre suivant on va mentionner toutes les conclusions et les perspectives.

Conclusions et perspectives

6.1 Conclusions

L'objectif principal de notre travail consistait à mettre en œuvre une méthodologie d'optimisation de forme des structures en présence de non linéarités géométriques (grands déplacements) et matérielles (comportement hyperélastique), en utilisant la méthode des éléments finis couplée aux méthodes de programmation mathématique.

Le travail réalisé consiste en plus de la prise en compte de la non linéarité géométrique et matérielle dans les problèmes traités, le développement d'une nouvelle méthode de calcul des sensibilités de la fonction objectif et ses limitations par rapport aux variables d'optimisation.

Nous nous sommes intéressés aux différentes méthodes de résolutions des problèmes d'optimisation et en particulier la méthode de programmation quadratique séquentielle (SQP) que nous avons utilisée pour la résolution de notre problème d'optimisation.

Nous avons défini ensuite le problème d'optimisation à résoudre. L'objectif est de minimiser le niveau des contraintes d'une structure dont le comportement est non linéaire. La fonction objectif choisie représente le critère de Von Mises intégré sur toute la structure. Les limitations du problème sont choisies sous forme de bornes sur les variables d'optimisation qui sont représentées par les coordonnées des points de contrôles.

Afin de diminuer le nombre de variables d'optimisation, nous avons utilisé des techniques de paramétrisation par les courbes de B-splines K=3.

La principale difficulté dans l'interfaçage des méthodes d'optimisations mathématiques avec l'analyse non linéaire des structures est le calcul des sensibilités : c'est le calcul des gradients de la fonction objectif et les limitations par rapport aux variables d'optimisation. Pour résoudre ce problème, on a adopté, comme première approximation, la méthode des différences finies du premier, deuxième et quatrième ordre. Ensuite, nous avons développé une nouvelle méthode analytique discrète pour le calcul des sensibilités dite méthode exacte du Jacobien qui a permis l'obtention des expressions exactes du gradient.

Les contributions originales de notre travail concernent principalement les aspects suivants :

- La prise en compte des non linéarités géométriques dans le processus d'optimisation.

- L'utilisation d'une diversité de matériaux élastique ou hyperélastique.

- L'optimisation de forme des structures bi et tridimensionnelles. en contraintes planes, déformations planes et axisymétriques.

- Le remaillage automatique à chaque itération au cours des cycles d'optimisation.

- Le développement d'une nouvelle méthode analytique discrète pour le calcul de sensibilités dite méthode exacte du Jacobien.

6.2 Perspectives

Il apparaît nécessaire et intéressant de poursuivre les travaux de recherche et de développement sur les aspects suivants :

- Généralisation des travaux de recherche sur l'optimisation de forme de la surface moyenne des structures en présence de grands déplacements et grandes rotations.

- Prise en compte du comportement réel des structures par intégration de loi de comportement élasto-plastique et des conditions de contact entre structures afin d'étudier une plus large gamme de problèmes industriels.

- L'optimisation de forme des structures soumises à des charges dynamiques.

- Calcul de sensibilité pour les formulations mixtes (problèmes d'incompressibilités et sensibilités aux distorsions).

Bibliographie

[1] Minoux M. "Programmation mathématique: théorie et algorithmes ", Editions Dunod, vol. 1, Paris. 1983.

[2] Schlick T. "Optimization methods in computational chemistry, VCH Publisher, Reviews in computational chemistry, Vol. 3, New York, pp. 1-71. 1992.

[3] Dennis J.E. et Schnabel R.B. "Numerical methods for unconstrained optimization and nonlinear equations", Prentice-Hall, Engelewood Cliffs, New Jersey, USA. 1983.

[4] Luenberger D.G. "Linear and nonlinear programming", Second Edition, Addison Wesley, Massachusetts, 1984.

[5] A. Jarraya ,F. Dammak ,S. Abid et M. Haddar "Shape and Thickness Optimization Performance of a Beam Structure by Sequential Quadratic Programming Method" Failure analysis and prevention, springer,Vol. 7,pp. 50-55, 2007.

[6] Gill P.E. Murray W. et Wright M.H "Practical optimization", Academie press, New York, 1983.

[7] Nemhauser G.L., Rinnooy-Kan A.H.G. &. Todd M.J "Optimization", Elsevier Science Publisher (North-Holland), Handbook in operations research management science, Vol. 1, Amsterdam, The Netherlands, 1989.

[8] Hestenes M.R., "Conjugate direction methods in optimization", Springer- Verlag New York, 1980.

[9] Fletcher R. et Reeves C.M. "Function minimization by conjugate gradients", Comp., J. 7, pp. 149-154, 1964.

[10] Powell M.J.D. "Nonconvex minimization calculations and the conjugate gradient method", Lecture notes in mathematics, Vol. 1066, pp. 122-141, 1984.

[11] Shanno D.F., "Conjugate gradient methods with inexact searches", Math. Oper. Res.,Vol. 3, pp. 244-256, 1978.

[12] Gill P.E., Murray W., Saunders M.A et Wright M.H., "Computing forward difference intervals for numerical optimization", SIAM, J. Sci. Stat. Comput., Vol. 4, pp. 310-321, 1983.

[13] Boggs P.T., Byrd R.H. et Schnabel R.B. "Numerical optimization", SIAM, Philadelphia, USA, 1985.

[14] Fletcher R., "Practical methods of optimisation", John Wiley and Sons, Tiptree,Essex, Great Britain,1987.

[15] Han S.P. "Super linearly convergent variable metric algorithms for general nonlinear programming problems", Mathematical programming, Vol. 11, pp. 263-282, 1976.

[16] Han S.P. "A globally convergent method for nonlinear programming", Journal of optimization theory and applications, Vol. 22, pp. 297-309, 1977.

[17] Powell M.J.D. "A fast algorithm for nonlinearly constrained optimization calculations", in Numerical analysis Dundee, (G.A. Watson, ed.) Springer-verlag, Berlin, pp.144-157, 1977.

[18] Powell M.J.D. "Algorithms for nonlinear constraints that use Lagrangian functions", Mathematical programming, Vol.14, pp. 224-248, 1978.

[19] Powell M.J .D. "The convergence of variable metric methods for nonlinearly constrained optimization calculations", in Nonlinear programming 3, (O. Mangasarian, R. Meyer & S. Robinson, eds), Academic Press, New York, NY, pp. 27-64, 1978.

[20] Schittkowski K. "On the convergence of a sequential quadratic programming method with an augmented lagrangian line search function", Math. Operations for sch., vol. 14, No. 2, pp. 197-216, 1983.

[21] Schmit L.A. "Structural design by synthesis", Proceeding of the Second ASCE, Pittsburgh, PA, pp. 105-122, 1960.

[22] Zienkiewicz Q.C. et Compbell J.S. "Shape optimization and sequential linear programming". Optimum Structural Design, John wiley, 1973.

[23] Fleury C. "Le dimensionnement automatique des structures élastiques". Thèse de Doctorat, Rapport SF-72, LTAS, Université de Liège 1978.

[24] Queau J .P. et Trompette P.H. "Two-dimensional shape optimal design by the finite element method". IJNME, Vol. 15, pp. 1603-1612, 1980.

[25] Haftka R.T. et Prasad B. "Optimum structural design with plate bending elements A survey". AIAA Journal, Vol. 19, N. 4, 1981.

[26] Botkin M.E. "Shape optimization of plate and shell structures". AIAA Journal, Vol.20, N. 2, 1982.

[27] Imam H.M. "Three-dimensional shape optimization". IJNME, Vol. 18, pp. 661-673, 1982.

[28] Bennett J.A. et Botkin M.E. "Structural shape optimization with geometric description and adaptive mesh refinement" , AIAA Journal, Vol. 23, N. 3, pp. 458-464, 1984.

[29] Botkin M.E. et bennett J.A. "Structural shape optimization with geometric description and adaptive mesh refinement", AIAA Journal, Vol. 23, N. 11, pp. 1804-1810, 1985.

[30] Domaszewski M. Knopf-Lenoir C., Batoz J.L. & Touzot G. "Shape optimization and minimum weight limit design of arches", Eng. Opt., Vol. 11, pp. 173-193, 1987.

[31] El Yafi M.F. "Une approche locale pour l'optimisation de forme des structures", Thèse de Doctorat de l'Université de technologie de Compiègne, Décembre 1987.

[32] Lopez Lopez A. "Optimisation de forme des structures minces", Thèse de Doctorat de l'Université de technologie de Compiègne, Juin 1989.

[33] Younsi R. "Optimisation de forme de structures tridimensionnelles", Thèse de Doctorat de l'Université de technologie de Compiègne, 1993.

[34] Naceur H. "Optimisation de forme des structures minces en présence de non linéarités géométriques et matérielles ", Thèse de Doctorat de l'Université de technologie de Compiègne, 1998.

[35] Bahloul, "Optimisation du procédé de pliage sur presses de pièces en tôles à haute limite élastique", Thèse de Doctorat de l'Université de technologie de Compiègne, 2005.

[36] Bletzinger K.U., Kimmich S.et Ramm E. "Interactive shape optimization of shells", in NUMITA '90, international Conference Series on Advances in Numerical Methods in Engineering: Theory and Applications, january 7-11th, Swansea, 1990.

[37] Kodiyalam S., Vanderplaats G.N. et Miura H. "Structural shape optimization with MSCjNASTRAN", Computers & Structures, Vol. 40, No 4, pp. 821-829, 1991.

[38] Canales, Hernandez, Izaguirre et Tarrago, "An integrated system for shape optimal design using a parametric geometric model and adaptive mesh refinement", STRUCOME, pp. 621-632, 1992.

[39] Naqib R.A., Zureick A. et Will K.M. "New approximate-iterative technique in shape optimization of continuum structures", Computers & Structures, Vol. 51, No 6, pp. 737-748, 1994.

[40] Gates A.A. et Accorsi M.L. "Automatic shape optimization of three-dimensional shell structures with large shape changes", Computers & Structures, Vol. 49, N. 1, pp. 167-178, 1993.

[41] Bugeda G. et Oliver J. "A general methodology for structural shape optimization problems using automatic adaptive remeshing", IJNME, Vol. 36, pp. 3161-3185, 1993.

[42] Tarrago J.A., Canales J. et Arias A. "CODISYS: An integrated system for optimal structural design", Computers & Structures, Vol. 52, No 6, pp. 1221-1241, 1994.

[43] Bischof C.H., Green L.L., Haigler K.J. et Knauff T.L. "Parallel calculation of sensitivity derivatives for aircraft design using automatic differentiation", 5th A 1A/NA SA/USAF /ISSMO symposium on Multidisciplinary Analysis and Optimization Conference, Panama City, Florida September 7-9, 1994.

[44] Patnaik S.N., Hopkins D.A. et Coroneos R. "Structural optimization with approximate sensitivities", Computers & Structures, Vol. 58, N. 2, pp. 407-418, 1996.

[45] Sandgren E.E. et Welton J.W. "Topological design of structural components using genetic optimization methods", Proceeding of the 1990 Winter Annual Meeting of the ASME, Dallas, TX, pp. 31-43, 1991.

[46] Suzuki K. et Kikuchi N. "A homogenization method for shape and topology optimization of linear elastic structure", Computer Methods in Applied Mechanics and Engineering, 1991.

[47] Reddy G. et Cagan J. "Improved shape annealing method for truss topology generation", Design Theory and Methodology '94, the ASME, 1994.

[48] Rozvany G.I.N. "Topological optimization of grillages: Past controversies and new directions", Computers & Structures, Vol. 36, No 6, pp. 495-512, 1994.

[49] Ramm E., Maute K. "Transition from shape to topology optimization". Proc. of 3rd ECCOMAS Fluid Dynamics Conference and 2nd ECCOMAS Conference on Numerical Methods in Engineering, Paris, France, Sept. 9-13 1996, pp. 132-143.

[50] Ramm E. et Maute K. "Topology optimization of plate and shell structures". In: Proc. of the IASS-ASCE International Symposium on Spatial, Lattice and Tension Structures, Atlanta, USA, ASCE, pp.946-955, April 1994.

[51] Maute K., Ramm E. "Adaptive topology optimization of shell structures". AIAA, Proc. Sixth Int. AIAA/NASA/USAF /ISSMO Symposium on Multidisplinary Analysis and Optimization, Bellevue Washington, USA, pp 1133-1141, Sept. 4-6 1996.

[52] Oblak M.M., Kegl M et Butinar B.J. "An approach to optimal design of structures with non-linear response", IJNME, Vol. 36, pp. 511-521, 1993.

[53] Levy R. "Optimal design of trusses for overall stability", Computers & Structures, Vol. 53, No 5, pp. 1133-1138, 1994.

[54] Levy R. "Optimization for buckling with exact geometries", Computers & Structures, Vol. 53, No 5, pp. 1139-1144, 1994.

[55] Pezeshk S. "Optimal design of structures with kinematics nonlinear behavior". Journal of Engineering Mechanics, Vol. 118, N. 4, 1992.

[56] Jao S.Y. et Arora J.S. "Design optimization of non-linear structures with rate dependent and rate-independent constitutive models", IJNME, Vol. 36, pp. 2805-2823, 1993.

[57] Reitinger R. et Ramm E. "Optimization of geometrically nonlinear buckling sensitive structures". Optimization of Structural Systems and Applications, Proc. of the 3rd Int. Conf. on Comput. Aided Optimum Design of Structures (OP TI'93), Zaragoza, Spain, pp. 525-540, July 1993.

[58] Kohli H.S. et Carey G.F. "An element-by-element strategy for nonlinear shape optimization", IJNME, Vol. 38, pp. 1967-1984, 1995.

[59] Ringertz U.T. "An algorithm for optimization of non-linear shell structures", IJNME, Vol. 38, pp. 299-314, 1995.

[60] Polynkin A.A., Van Keulen F. et Toropov V.V. "Optimization of geometrically nonlinear thin-walled structures using the multipoint approximation method", Structural Optimization, Vol. 9, pp. 105-116, 1995.

[61] Polynkin A.A., Van Keulen F. et Toropov V.V. "Optimization of geometrically nonlinear thin-walled structures based on a multipoint approximation method and adaptivity", Engineering Computations, Vol. 13, pp. 76-97, 1996.

[62] Kegl M., Butinar B. et Oblak M.M. "Shape optimal design of elastic planar frames with non-linear response", IJNME, Vol. 38, pp. 3227-3242, 1995.

[63] Abid S., Batoz J.L., Knopf-Lenoir C., Lardeur P. et H. Naceur, "Thickness optimization of beams and shells with large displacements", in Integrated Design and Manufacturing in Mechanical Engineering, Vol 2, pp. 653-662, 1996.

[64] Toh C.H. et Kobayashi S. "Deformation analysis and blank design in square cup drawing", Int. Jour. Mach. Tool. Des. Res., Vol. 25, N. 1, pp. 15-32, 1985.

[65] Tatenami T., Nakamura Y. et Ohata T., "Effect of profile of blank holder surface on drawability in cylindrical deep drawing process", Advanced technology of Plasticity, Vol. 3, pp. 1237-1242, 1990.

[66] Abid S., "Optimisation d'épaisseur de structures mince isotropes et composites en présence de non linéarités géométriques", Thèse de Doctorat de l'Université de technologie de Compiègne, Avril 1995.

[67] Ryu Y.S., Haririan M.,. Wu C.E et Arora J.S. "Structural design sensitivity analysis of nonlinear response", Computers & Structures, Vol. 21, N. 1/2, pp. 245-255, 1985.

[68] Choi K.K. et Santos J.L.T. "Design sensitivity Analysis of nonlinear structural systems. Part 1: Theory", IJNME, Vol. 24, pp. 2039-2055, 1987.

[69] Santos J.L.T. et Choi K.K. "Sizing design sensitivity Analysis of nonlinear structural systems. Part II: Numerical method", IJNME, Vol. 26, pp. 2097-2114, 1988.

[70] Cardoso J.B. et Arora J.S. "Variational method for design sensitivity analysis in nonlinear structural mechanics", AIAA Journal, Vol. 26, N. 5, pp. 595-603, 1988.

[71] Gopalakrishna H.S. et Greimann L.F. "Newton-Raphson procedure for the sensitivity analysis of nonlinear structural behavior", Computers & Structures, Vol. 30, N. 6, pp. 1263-1273, 1988.

[72] Arora, Jasbir, S.; Lee, Tae, Hee; Cardoso, J.B. "Structural shape sensitivity analysis: Relationship between material derivative and control volume approaches" AIAA Journal Volume 30, Issue 6 , Pages 1638-1648. 1992.

[73] Lee T .H., Arora J.S. et Kumar V. "Shape design sensitivity analysis of viscoplastic structures", Computer Meth. in Appl. Mech. and Eng., Vol. 108, pp. 237-259, 1993.

[74] Noguchi H. et Hisada T. "Sensitivity analysis in post-buckling problems of she structures", Computers & Structures, Vol. 47, No 4/5, pp. 699-710, 1993.

[75] Kulkarni M. et Noor K. "Sensitivity analysis for the dynamic response of viscoplastic shells of revolution", Computers & Structures, Vol. 55, N. 6, pp. 955-969, 1995.

[76] Park J.S. et Choi K.K. "Design sensitivity analysis and optimization of nonlinear structural systems with critical loads", Advances in Design Automation, (Edt. B.Ravani), Vol. 2, 'Optimal design and mechanical systems analysis', pp. 187-195, 1990.

[77] Park J.S. et Choi K.K. "Design sensitivity analysis of critical load factor for nonlinear structural systems", Computers & Structures, Vol. 36, N. 5, pp. 823-838, 1990.

[78] Ohsaki M. et Uetani K. "Sensitivity analysis of bifurcation load of finite dimension al symmetric systems", *IJNME,* Vol. 39, pp. 1707-1720, 1996.

[79] Levent Karaoglan et Ahmed Noor K. "Space-time finite element methods for the sensitivity analysis of contact/impact response of axisymmetric composite structures" Computer Methods in Applied Mechanics and Engineering, Vol 144, Issue 3-4, pp 371-389.1997.

[80] Grindeanu, Choi, K.K.I., Chang, K.-H "Shape design optimization of hyperelastic structure using a meshless method" AIAA journal , Vol 37, Issue 8, pp 990-997 .1999.

[81] Barthold, F.-J, Firuziaan, M. "Optimization of hyperelastic materials with isotropic damage" Structural and Multidisciplinary Optimization, Vol 20, Issue 1, pp 12-21.2000.

[82] Kim N. H. et Choi K. K. "Design sensitivity analysis and optimization of nonlinear transient dynamics", Mechanics of Structures and Machines, Vol. 29, No. 3, pp. 351-371. 2001.

[83] Kim N. H., Dong J., Choi K. K., Vlahopoulos N., Ma Z. D., Castanier M. P., et Pierre C. " Design sensitivity analysis for a sequential structural-acoustic problem", J. Sound and Vibration, Vol. 263, No. 3, 569-591.2003.

[84] Tanaka, M., Noguchi, H. "Structural shape optimization of hyperelastic material by discrete force method" Theoretical and Applied Mechanics Japan, Vol. 53, pp 83-91.2004.

[85] Yi K. Y., Choi K. K., Kim N. H. et Botkin M. E. " Continuum-based design sensitivity analysis and optimization of nonlinear shell structure using meshfree method", Int. J. Num. Methods Eng., Vol. 68, No.2, pp. 231-266. 2006.

[86] Kemmler R., Lipka A. et Ramm E. "Optimal limit design of elasto-plastic structures for time-dependent loading" Structural and Multidisciplinary Optimization, Vol. 33, pp 269-273.

2007.

[87] Kobelev V. "Sensitivity analysis of the linear non conservative systems with fractional damping" Structural and Multidisciplinary Optimization, Vol. 33, pp. 179-188. 2007.

[88] Massonet CH, Cescotto S. "Mécanique des matériaux" Sciences et lettres troisième edition, Liège, 1980.

[89] Mirolioubov I., Col. "Résistance des matériaux" Problème de résistance des matériaux, Mir, Moscou, 1977.

[90] Steven C. Chapra, Raymond P. Canale. "Numerical methods for engineers" second edition 1990 library of congress cataloguing in publication data.

[91] Engeln-Mullges G., Uhlig F. "Numerical algorithms with Fortran" Springer Verlag, Berlin Heidelberg 1996.

[92] Bartels R.H., Beatty J.C., Barsky B.A. "Mathématiques et CAO" volume 6 B-splines édition Hermes, Paris, 1987.

[93] Ramm E., Cirak F. "Adaptativity for nonlinear thin-walled structures" Complas V, Part 1, (Owen, Onate, Hinton Editors), CIMNE, Barcelone, pp. 145-163 1997.

[94] Triki S., "Analyse linéaire et non linéaire auto-adaptative des coques de révolution par éléments" Thèse de doctorat de l'Université de Compiègne, décembre 1996.

[95] Wagner W., "A finite element model for non linear shells of revolution with finite rotations", IJNME, Vol. 29, pp. 1455-1471, 1990.

[96] Gerhard A. Holzapfel "Nonlinear Solid Mechanics" A Continuum Approach for Engineering. JOHN WILEY & SONS, LTD. Chapter 6 pp 205. 2000.

Résumé

L'objectif principal de notre travail consistait à mettre en œuvre une méthodologie d'optimisation de forme des structures en présence de non linéarités géométriques (grands déplacements) et matérielles (comportement hyperélastique), en utilisant la méthode des éléments finis couplée aux méthodes de programmation mathématique.

Le travail réalisé consiste en plus de la prise en compte du non linéarité géométrique et matérielle dans les problèmes traités, le développement d'une nouvelle méthode de calcul des sensibilités de la fonction objectif et ses limitations par rapport aux variables d'optimisation.

La principale difficulté dans l'interfaçage des méthodes d'optimisations mathématiques avec l'analyse non linéaire des structures est le calcul des sensibilités : c'est le calcul des gradients de la fonction objectif et les limitations par rapport aux variables d'optimisation. Pour résoudre ce problème, on a adopté, comme première approximation, la méthode des différences finies du premier, deuxième et quatrième ordre. Ensuite, nous avons développé une nouvelle méthode analytique discrète pour le calcul des sensibilités dite méthode exacte du Jacobien qui a permis l'obtention des expressions exactes du gradient.

Les contributions originales de notre travail concernent principalement les aspects suivants :

- La prise en compte des non linéarités géométriques dans le processus d'optimisation.

- L'utilisation d'une diversité de matériaux élastique ou hyperélastique.

- L'optimisation de forme des structures bi et tridimensionnelles en contraintes planes, déformations planes et axisymétriques.

- Le remaillage automatique à chaque itération au cours des cycles d'optimisation.

- Le développement d'une nouvelle méthode analytique discrète pour le calcul de sensibilités dite méthode exacte du Jacobien.

www.ingramcontent.com/pod-product-compliance
Lightning Source LLC
Chambersburg PA
CBHW021103210326
41598CB00016B/1302